AF244882

LES POISSONS

TROISIÈME VOLUME

LES POISSONS DE MER

DEUXIÈME PARTIE (FIN)

LES
POISSONS

SYNONYMIE — DESCRIPTION

MOEURS — FRAI — PÊCHE — ICONOGRAPHIE

DES ESPÈCES

Composant plus particulièrement la Faune française

PAR H. GERVAIS ET R. BOULART

Attachés au Museum

AVEC UNE INTRODUCTION

PAR PAUL GERVAIS

Membre de l'Institut

TROISIÈME VOLUME

LES POISSONS DE MER

DEUXIÈME PARTIE (FIN)

AVEC 100 CHROMOTYPOGRAPHIES ET 48 VIGNETTES

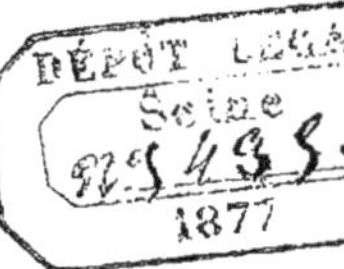

PARIS

J. ROTHSCHILD, ÉDITEUR

13, RUE DES SAINTS-PÈRES, 13

1877

ORDRE

DES

MALACOPTÉRYGIENS

ABDOMINAUX

FAMILLE DES SALMONIDÉS.

SALMONIDÆ.

La famille des Salmonidés, qui a de nombreux représentants dans les eaux douces et dont certaines espèces habitent alternativement la mer et les fleuves, a aussi des genres exclusivement marins.

Les poissons qui la composent ont le corps recouvert d'écailles plus ou moins grandes ; leur tête est lisse. Leur nageoire dorsale est suivie d'une nageoire adipeuse plus ou moins développée suivant les genres ; leurs ventrales sont toujours situées en arrière des pectorales.

Chez les Salmonidés, les mâchoires, les palatins, le vomer et la langue sont habituellement pourvus de dents. Certains genres cependant, le genre Microstome entre autres, peuvent avoir quelques-unes de ces parties dépourvues de semblables organes.

Leurs appendices pyloriques sont généralement nombreux, ils manquent pourtant quelquefois.

Leur vessie natatoire est bien développée.

Les espèces de cette famille qui vivent dans les eaux douces, ou qui remontent de la mer dans les fleuves, sont renommées pour la délicatesse de leur chair ; leur pêche donne lieu à un commerce très-étendu. Quant aux espèces exclusivement marines qui fréquentent nos côtes, elles n'ont, en raison de leur rareté et de la petitesse de leur taille, aucune valeur au point de vue commercial.

GENRE MICROSTOME.

Microstoma, Cuvier.

Corps allongé, arrondi et recouvert de grandes écailles.

Bouche petite, intermaxillaires peu développés. Maxillaire inférieur pourvu de dents petites et serrées. De semblables organes existent sur la partie antérieure du vomer et sur les arcs branchiaux.

Rayons branchiostéges, au nombre de quatre.

Nageoire adipeuse faisant souvent défaut ou peu développée lorsqu'elle existe.

Vessie natatoire grande. Pas de cœcums pyloriques.

Pl. 1. — MICROSTOME ARGENTÉ.

Gasteropelecus microstoma. Risso, *Ichth. Nice,* p. 356.
Microstoma rotundata..... Risso, *Europ. mérid.,* t. III, p. 475, fig. 36. — Bonap., *Cat. poiss. Europe,* p. 25.
Microstoma rotundatum. . Gunth., *Cat. fish.,* t. VI, p. 204.
Microstoma argenteum.... Cuv., Valenc., t. XVIII, p. 358. pl. 544.

Ce Salmonidé, qui est assez rare dans la Méditerranée, a été signalé par Risso aux environs de Nice. Il paraît plus commun sur les côtes d'Italie, et surtout sur celle de Sicile. On a hésité longtemps avant de lui donner sa véritable place dans la classification : quelques auteurs en ont fait un Salmonidé ; d'autres, parmi lesquels Cuvier et Valenciennes, l'ont rangé parmi les Ésocidés. Cette divergence d'opinions provient de ce fait que la nageoire adipeuse, chez ce poisson, n'est pas constante. Tandis que les jeunes individus en sont presque toujours pourvus, elle manque, au contraire, le plus souvent chez les vieux, et comme les descriptions ont été faites sur un petit nombre de sujets, on comprend aisément que ce poisson ait été rangé dans des groupes si différents.

Le Microstome argenté, qui se rapproche assez de l'Argentine par la forme de sa bouche et la grandeur de son œil et de ses écailles, a le corps arrondi et très-allongé.

La mâchoire inférieure dépasse un peu la supérieure, qui est dépourvue de dents. Celles qui garnissent le maxillaire inférieur sont très-petites et rapprochées les unes des autres ; on remarque de semblables organes sur la partie antérieure du vomer et sur les arcs branchiaux, où ils sont plus longs et recourbés en arrière.

La nageoire dorsale de ce poisson est courte et assez élevée ; elle naît en arrière d'une verticale qui passerait par le milieu de l'insertion des ventrales.

L'adipeuse, qui n'est pas indiquée sur la planche où Cuvier et Valenciennes représentent ce poisson, est grêle, quand elle existe, et son extrémité se divise en plusieurs petits filaments.

Les pectorales sont allongées ; les ventrales sont plus courtes que ces dernières ; l'anale est de moitié moins haute et moins longue que la dorsale. La caudale est fourchue.

La formule des rayons qui constituent ces nageoires est la suivante :

D. 9 à 11. — P. 8. — V. 10. — A. 8. — C. 23 + 9.

Ce poisson a de 18 à 20 centimètres de longueur, lorsqu'il est adulte. Tout son corps brille d'un éclat argenté très-vif ; ses nageoires sont jaune pâle.

Les rayons branchiostéges du Microstome argenté sont au nombre de quatre ; sa vessie natatoire est très-développée et son pylore dépourvu d'appendices.

GENRE ARGENTINE.

Argentina, Cuvier.

Corps allongé, légèrement arrondi sur le dos, comprimé au contraire sur les flancs et recouvert d'écailles relativement grandes.

Ouverture de la bouche, petite ; intermaxillaires peu développés. Mâchoires dépourvues de dents. Dents très-fines sur le vomer, les palatins et dans la plupart des espèces sur la langue.

Une nageoire dorsale peu développée. Nageoire adipeuse reportée en arrière. Caudale très-fourchue.

Appendices pyloriques en nombre assez grand. Six rayons branchiostéges.

Vessie natatoire assez grande.

ARGENTINE DE CUVIER.

Sphyræna parva....... Rondel., t. I, p. 227.
Argentina .... Willughby, p. 229.
Argentina Sphyræna.. Lin., *Syst. Nat.*, t. I, p. 518. — Risso, *Icht. Nice*, p. 336. —
                  Id., *Europ. mérid.*, t. III, p. 462. — Cuv., *Mém. Mus.*,
                  t. I, p. 234, pl. 11, fig. 1. — Bonap., *Cat. poiss. Europ.*,
                  p. 25. — Gunth., *Cat. fish.*, t. VI, p. 203.
Argentina Cuvieri. ... Cuv., Valenc., *Hist. nat. poiss.*, t. XXI, p. 301.

Ce poisson, qui est très-commun dans la Méditerranée, principalement sur les côtes d'Italie, se trouve aussi dans le voisinage de nos plages du Languedoc, où on le désigne sous le nom de *Peï d'Arljen,* qui signifie Poisson argenté.

L'Argentine est connue depuis longtemps des pêcheurs italiens, qui se livraient, il y a quelques années, d'une façon toute spéciale à sa pêche, en raison du profit qu'ils en retiraient. La vessie natatoire de ce poisson est, en effet, revêtue d'une membrane à pigment argenté, qui servait autrefois et sert quelquefois encore, comme les écailles de nos Ablettes, à fabriquer les fausses perles.

Ce poisson, dont la taille ordinaire est de 15 à 20 centimètres, a le corps allongé, un peu comprimé dans sa région ventrale, arrondi, au contraire, sur le dos. Il est recouvert d'écailles assez grandes et peu adhérentes. Sa tête, dont la longueur est supérieure au quart de la longueur totale du corps, se termine en avant par un museau assez proéminent; son œil est grand et recouvert en partie par une membrane adipeuse. L'ouverture de la bouche est petite et les mâchoires sont dépourvues de dents; on trouve, au contraire, de ces organes sur le vomer, les palatins et de chaque côté de la langue, où ils sont très-fins et recourbés.

Parmi les pièces operculaires, l'opercule seul est remarquable par une échancrure placée à son bord postérieur. Les rayons branchiostéges sont au nombre de six.

La nageoire dorsale est peu développée; elle naît en avant d'une verticale qui passerait par le point d'insertion des ventrales; ses rayons sont au nombre de dix. Les pectorales sont falciformes. Les ventrales, insérées un peu en arrière de la dorsale, se trouvent à peu près vers le milieu de la courbure inférieure du corps. L'anale, peu développée, se trouve au-dessous de l'adipeuse. La caudale est fortement échancrée.

L'Argentine a les parties supérieures du corps verdâtres, ses flancs sont argentés, son ventre est blanc.

La ligne latérale de ce poisson est formée de cinquante-deux écailles; sa vessie natatoire est assez développée et ses cœcums pyloriques sont au nombre de douze.

Pl. 2. — ARGENTINE DE YARREL.

Osmerus hebridicus. Yar., *Brit. fish.*, 2ᵉ éd., t. II, p. 133. — Couch, *Brit. fish.*, t. IV, p. 297, pl. 233.
Argentina Yarrellii. Cuv., Valenc., t. XXI, p. 305. — Yarr., *Brit. fish.*, 3ᵉ éd., t. I, p. 300.
Argentina hebridica. Nilss., *Skand. Faun. fisk.*, p. 474. — Gunth., *Cat. fish.*, t. VI, p. 203.

Hebridal Smel, Argentine, Angleterre. — *Strömsild,* Danemark.

Cette Argentine, qui ressemble beaucoup à celle de la Méditerranée, se prend dans les parties froides de l'océan Atlantique, ainsi que dans la mer du Nord, principalement sur les côtes de Norvége, mais elle y est assez rare. Sa taille est presque égale à celle de l'Argentine de Cuvier, et son corps, comme celui de ce dernier poisson, est recouvert de grandes écailles qui tombent facilement; la partie libre de ces organes présente des épines fines et nombreuses.

Les mâchoires de ce Salmonidé, sensiblement égales en longueur, sont dépourvues de dents. On retrouve, au contraire, de ces organes, comme dans l'espèce précédente, sur le vomer, les palatins et la langue.

La nageoire dorsale naît sur le milieu d'une ligne qui s'étendrait de l'extrémité du museau au bord antérieur de l'adipeuse; elle a ses premiers rayons très-élevés; les derniers, au contraire, sont très-courts; il y en a en tout onze. Les autres nageoires, assez semblables, comme forme, à celles de l'Argentine de Cuvier, ont : les pectorales, quatorze rayons; les ventrales, onze; l'anale, douze.

Les parties supérieures du dos et de la tête de ce poisson sont d'un brun jaunâtre plus ou moins foncé ; les flancs sont plus clairs, le ventre est blanc d'argent.

Les cœcums pyloriques de cette espèce sont plus nombreux que ceux de la précédente.

FAMILLE DES SCOPÉLIDÉS.

SCOPELIDÆ.

Ces poissons, que Cuvier et Valenciennes classaient parmi les Salmonidés, et que Muller réunissait aux Sternoptichidés pour former son groupe des Scopélidés, forment, suivant M. Gunther, une famille distincte que nous plaçons à la suite des Salmonidés. Leurs caractères principaux sont les suivants :

Le bord de leur mâchoire supérieure est formé par les intermaxillaires. L'ouverture de leurs ouïes est très-large. Ils ont une nageoire adipeuse.

Leurs appendices pyloriques, quand ils existent, sont en petit nombre, et ils n'ont pas de vessie natatoire.

Les Scopélidés habitent la haute mer.

GENRE AULOPE.

Aulopus, Cuvier.

Corps allongé, arrondi dans sa région dorsale, comprimé sur les flancs, et recouvert d'écailles assez grandes.

Tête longue, museau allongé, mâchoires armées de dents petites et disposées par bandes. De semblables organes se voient sur les palatins, le vomer, les pharyngiens et la langue. Nageoire dorsale placée sur le milieu du dos; pectorales et ventrales larges; adipeuse peu développée.

Pas de vessie natatoire. Appendices pyloriques en petit nombre. Rayons branchiostéges nombreux.

Pl. 3. — AULOPE FILAMENTEUX.

Salmo filamentosus... Bloch, *Schrift. Nat. Freund.* Berl., t. X, pl. 9, fig. 2.
Osmerus saurus...... Risso, *Ichth. Nice,* p. 325.
Aulopus filamentosus. Cuv., *Règn. anim.* — Bonap., *Faun. Ital.* — Cuv., Valenc.
          t. XXII, p 513. — Gunth., *Cat. fish.,* t. V, p. 402.
Saurus lacerta....... Risso, *Europ. mérid.,* t. III, p. 463.
Aulopus filifer........ Valenc., *in* Webb et Berthel, *Iles Canar. poiss.,* p. 73,
          pl. 15, fig. 2.

Borstenlachs, Allemagne. — *Merluzzo imperiale, Tiru imperiali,*
Italie.

L'Aulope filamenteux est propre à la Méditerranée et se prend sur les côtes de Nice et sur celles de Sicile. Il entre cependant quelquefois dans l'Atlantique où il a été pris aux environs des îles Canaries.

C'est un poisson très-remarquable par sa forme et ses couleurs. Son corps est allongé, arrondi et recouvert d'écailles assez grandes, irrégulièrement quadrilatères et finement dentelées sur leur bord libre. Sa tête est longue, son museau pointu; l'œil est de grandeur moyenne et les joues sont écailleuses. La bouche est largement fendue et la mâchoire inférieure dépasse la supérieure ; toutes deux sont armées de dents très-fines, recourbées en arrière et disposées par bandes. On retrouve de semblables organes sur les palatins, le vomer, les ptérygoïdiens et la langue.

Le préopercule, l'opercule et le sous-opercule sont bien développés, l'interopercule est grêle. Les ouïes sont largement fendues et les rayons branchiostéges au nombre de seize.

La ligne latérale, qui compte cinquante-quatre écailles, commence à l'angle supérieur de l'opercule ; elle présente d'abord une courbure assez prononcée, puis devient rectiligne dans le tiers postérieur de son trajet.

La nageoire dorsale naît sur la fin du tiers antérieur du corps du poisson, son premier rayon est court, les trois suivants sont très-allongés, ceux du milieu sont peu élevés et les derniers un peu plus longs. Elle a en tout quinze rayons. L'adipeuse est peu développée.

Les pectorales sont ovalaires et composées de douze ou treize rayons ; les ventrales, placées au-dessous d'elles et un peu en arrière, sont larges et n'en ont que neuf ; l'anale, peu élevée et beaucoup plus rapprochée de la caudale que des ventrales, a onze ou douze rayons. Enfin la caudale, légèrement fourchue, en a vingt et un. Les cœcums pyloriques, chez ce poisson, sont au nombre de cinq ou de six.

L'Aulope filamenteux a les parties supérieures du dos et de la tête d'une couleur marron plus ou moins foncée ; les joues, les flancs et le ventre sont d'un bleu argenté, et on remarque en outre, sur les parties latérales du corps, des marbrures noirâtres. La dorsale, les ventrales et la caudale ont des taches jaunes d'ocre ; la partie la plus élevée de la première de ces nageoires est d'un vert noirâtre, les pectorales sont teintées de rose, et l'anale, d'un bleu cendré, présente sur le milieu de ses rayons une bande jaunâtre.

La femelle diffère du mâle que nous représentons sur la Pl. 3 par la forme de sa nageoire dorsale, dont les premiers rayons sont moins élevés, et par des couleurs plus pâles.

GENRE SAURUS.

Saurus, Cuvier.

Corps allongé et recouvert d'écailles de moyenne grandeur. Tête longue, bouche largement fendue et armée, sur les mâchoires, les palatins et la langue, de dents fines, nombreuses et recourbées.

Ouverture des ouïes très-large.

Rayons branchiostéges généralement au nombre de quinze à dix-sept.

Nageoire adipeuse très-petite.

Appendices pyloriques en petit nombre. Pas de vessie natatoire.

SAURUS GRISATRE.

Saurus.......... .... Salviani, *de Aquat.*, p. 242, pl. 99.
Salmo saurus.. . ... Lin., *Syst. Nat.*, t. I, p. 511. — Bloch, t. XI, p. 115.
Osmerus fasciatus.... Risso, *Ichth. Nice*, p. 326.
Saurus lacerta...... Cuv., Valenc., t. XXII, p. 463. — Bonap., *Cat. poiss. Eur.*,
                                           p. 35.
Saurus griseus...... Lowe, *Trans. zool. Soc.*, t. II, p. 188. — Gunth., *Cat. fish,*
                                           t. V., p.

Ce poisson, qui se prend sur nos côtes méditerranéennes, se trouve aussi sur celles de l'Italie, de la Sicile et de la Grèce. On le pêche également sur les côtes d'Espagne et dans les parties de l'Atlantique voisines du détroit de Gibraltar.

Il parvient à une taille relativement assez forte, et Valenciennes en a examiné plusieurs sujets qui mesuraient jusqu'à 14 pouces de longueur.

Le Saurus grisâtre a le corps allongé et recouvert d'écailles de grandeur ordinaire. Sa tête est longue, sa bouche largement fendue, et ses mâchoires, dont la supérieure dépasse un peu l'inférieure, sont armées de dents en cardes. On retrouve de semblables organes sur la langue et les palatins.

Le sous-opercule est très-développé; l'opercule est de forme triangulaire. L'ouverture des ouïes est très-large et les rayons branchiostéges sont au nombre de quinze ou de seize.

La nageoire dorsale est placée un peu en avant du milieu de la courbure du dos, elle est courte et compte douze rayons ; l'adipeuse est peu apparente ; les pectorales sont peu développées et ont treize rayons. Les ventrales, insérées un peu en arrière des pectorales, ont leurs rayons postérieurs beaucoup plus longs que les antérieurs; elles en ont en tout huit; l'anale en a onze et la caudale, qui est très-fourchue, vingt-cinq.

Ce poisson est d'un gris verdâtre sur le dos et les flancs, son ventre est plus clair ; tout son corps présente des reflets argentés.

GENRE SCOPELUS.

Scopelus, CUVIER.

Corps oblong, recouvert d'écailles relativement grandes.

Bouche largement fendue ; intermaxillaires très-longs. Dents petites et en velours, disposées par bandes aux mâchoires, aux palatins, aux ptérygoïdiens et sur la langue. Le vomer en est pourvu dans quelques espèces.

Nageoire adipeuse présentant des traces de rayons.

Rayons branchiostéges au nombre de huit à dix.

Vessie natatoire peu développée et appendices pyloriques en petit nombre.

SCOPÈLE DE HUMBOLDT.

Gasteropelecus Humboltii. Risso, *Ichth. Nice*, p. 358, pl. 10, fig. 38.
Scopelus Humboltii...... Risso, *Mém. Acad.* de Turin, 1820, t. XXV, p. 266, pl. 10,
          fig. 2. — Id., *Europ. mérid.*, t. III, p. 467. — Cuv. et
          Valenc., t. XXII, p. 431. — Cuv., *Règne anim.*, ill.
          pl. 103, fig. 2.
Scopelus benoiti......... Cocco, *Lett. S. Salmon*, p. 12, pl. 2, fig. 4. — Bonap.,
          Faun. Ital. — Id., *Cat. poiss. Eur.*, p. 36. — Gunth.,
          Cat. fish., t. v, p. 406.

Ce petit poisson, qui dépasse rarement la taille de 3 pouces, se prend sur les côtes d'Italie, sur celles de Nice et de Provence. Il a été signalé également dans les parties de l'Atlantique voisines de la Méditerranée. Ses caractères sont les suivants :

Corps assez haut dans sa région antérieure et diminuant graduellement jusqu'à sa région caudale, où il est très-comprimé. Écailles assez fortes et caduques. Tête grosse, museau obtus, œil grand, bouche fendue obliquement, mâchoires égales. Les dents sont presque imperceptibles et disposées par bandes ; on voit de semblables organes sur les palatins, les ptérygoïdiens et la langue. Dix rayons branchiostéges.

Nageoire dorsale peu développée, adipeuse allongée, pectorales arrondies, ventrales courtes, anale longue, caudale fourchue.

Les rayons de ces nageoires sont ainsi distribués :

D. 14. — P. 13. — V. 8. — A. 22. — C. 25.

Le Scopèle de Humboldt a tout le corps argenté, avec des reflets d'un brun violacé sur le dos. On voit sur les parties inférieures du corps de petits points foncés, disposés régulièrement.

GENRE ODONTOSTOME.

Odontostomus, Cocco.

Corps oblong, comprimé et dépourvu d'écailles. Tête forte, museau tronqué, bouche largement fendue. OEil grand.

Mâchoire supérieure pourvue d'un incisif très-développé et armé de dents aiguës et recourbées, moins fortes que celles du maxillaire inférieur, qui sont, ainsi que celles du vomer et des palatins, longues, tranchantes, mobiles et à extrémité lancéolée.

Nageoire adipeuse, petite et décomposée en un petit nombre de rayons.

Rayons branchiostéges au nombre de huit.

ODONTOSTOME BALBO.

Odontostomus hyalinus. Cocco, *Lett. S. Salmon,* p. 32, pl. 4, fig. 2. — Bonap., *Faun. Ital., c. Cat. Poiss. Europ.,* p. 37. — Cuv., Valenc., t. XXII, p. 424. — Gunth., *Cat. fish.,* t. V, p. 417.
Scopelus balbo......... Risso, *Hist. nat. Eur. mérid.,* p. 466. — Id., *Mém. Ac. Sc.,* Torino, t. XXV, p. 268, p. 10, fig. 3.

Ce petit poisson, que l'on prend quelquefois, mais rarement, sur les côtes de Nice, se trouve aussi sur celles de Sicile.

Son corps est oblong, allongé et très-comprimé. Sa tête est égale en longueur au cinquième de la longueur totale du poisson. Sa région frontale est légèrement convexe, ses yeux grands, sa bouche bien fendue et ses mâchoires armées de dents crochues et petites à la mâchoire supérieure, plus fortes et mobiles à l'inférieure. Le vomer et les palatins portent aussi des dents comprimées, tranchantes et lancéolées à leur pointe.

Les pièces operculaires sont arrondies.

La nageoire dorsale, de forme triangulaire, a douze rayons; la seconde dorsale en a cinq. Les pectorales, ovales et larges, ont douze rayons. Les ventrales, plus petites et placées au-dessous de la dorsale, en ont neuf. L'anale, longue, est constituée par trente-cinq rayons, et la caudale, qui est fourchue, en a trente.

L'Odontostome de Balbo a tout le corps d'une couleur argentée à reflets rosés.

GENRE PARALÉPIS.

Paralepis, Risso.

Corps très-allongé, très-comprimé et recouvert d'écailles peu adhérentes.

Tête longue, bouche largement fendue. Dents petites et d'inégale grandeur aux mâchoires, sur les palatins et les ptérygoïdiens.

Deux nageoires dorsales, dont l'une a été considérée, par quelques auteurs, comme une adipeuse.

Sept rayons branchiostéges.

Pas d'appendices pyloriques, ni de vessie natatoire.

PARALÉPIS CORÉGONOIDE.

Paralepis coregonoïdes. Risso, *Eur. mérid.*, t. III, p. 472, pl. 7, fig. 15. — Cuv., Valenc., t. VII, p. 510. — Bonap., *Faun. Ital.* — Id., *Cat. poiss. Europ.*, p. 35. — Gunth., *Cat. fish.*, t. V, p. 418.

Ce poisson fréquente au printemps les fonds argileux, il regagne ensuite la haute mer ; on le prend sur les côtes occidentales de l'Italie et en France aux environs de Nice. Sa forme est assez singulière : il a, en effet, le corps extrêmement allongé et comprimé. Sa tête est longue et son museau effilé ; ses yeux sont relativement grands et sa bouche très-largement fendue.

Les mâchoires sont armées de dents fines et d'inégale grandeur ; il y en a également sur les palatins et les ptérygoïdiens.

Le préopercule est presque membraneux et coupé obliquement ; il recouvre presque entièrement l'interopercule, qui est également très-mince. L'opercule est arrondi sur son bord postérieur.

La nageoire dorsale est très-reculée, elle a dix rayons. L'adipeuse, qui est plutôt une seconde dorsale très-petite, se décompose en plusieurs rayons dont le nombre varie de trois à six.

Les pectorales ont douze rayons ; les ventrales neuf ; l'anale vingt-trois et la caudale dix-sept.

Les couleurs de ce poisson sont argentées, le dos est vert bleuâtre, les parois du ventre sont transparentes et permettent d'apercevoir le pigment noirâtre du péritoine.

Ce poisson, que Cuvier classe parmi les Percoïdes, est d'une voracité extrême, on le mange quelquefois et sa chair est assez délicate.

On trouve encore dans la Méditerranée et dans l'Océan, aux environs de Madère, une seconde espèce de *Paralepis* à laquelle on a donné le nom de Paralépis sphyrénoïde, *Paralepis sphyrænoïdes* ; elle diffère peu de la précédente. Ses ventrales et ses pectorales sont pourtant plus courtes et sa tête moins allongée.

FAMILLE DES STERNOPTICHIDÉS.

STERNOPTICHIDÆ.

Les poissons qui composent cette famille ont été placés par Cuvier parmi les Salmonidés, on en fait maintenant une famille distincte.

Les Sternoptichidés ont le corps lisse ou recouvert d'écailles peu adhérentes, très-développées et très-minces.

Leurs intermaxillaires sont soudés aux maxillaires.

Leurs nageoires dorsales sont au nombre de deux, la seconde est membraneuse ou adipeuse.

Leur vessie natatoire est simple, lorsqu'elle existe.

Ces poissons vivent dans la haute mer; l'espèce que nous décrivons habite la Méditerranée, d'autres sont propres à l'Océan.

GENRE CHAULIODUS.

Chauliodus, Bloch.

Corps très-allongé, comprimé et recouvert d'écailles grandes, minces et peu adhérentes.

Tête haute et courte; bouche large, fendue obliquement et armée sur ses mâchoires de dents fortes, grêles et pointues. De semblables organes, mais plus petits, se voient sur les palatins et les pharyngiens.

Nageoires dorsales au nombre de deux. La première est reportée en avant; la seconde, occupant la partie postérieure du corps, est mince, allongée et simule une adipeuse.

Les rayons branchiostéges sont nombreux.

Pl. 4. — CHAULIODE DE SLOANE.

Chaulodius Sloani..... Bloch, *Schn.,* p. 430. — Cuv., Valenc., t. XXII, p. 383. —
Gunth., *Cat. fish,* t. V, p. 392.
Chauliodus setinotus. .. Bloch, *Schn.,* pl. 85.
Chauliodes Schneideri. Risso, *Eur. mérid.,* t. III, p. 442, fig. 37.
Chauliodus setinotus.. Bonap., *Faun. Ital.*
Stomias Schneideri ... Cuv., *Règn. anim.,* ill., pl. 97.

Viper-Mouthed, Pike, Angleterre.

Le Chauliode de Sloane est un poisson fort singulier par sa forme. Son corps est très-allongé et très-comprimé; d'abord élevé en arrière de la tête, il va graduellement s'amincissant jusque dans sa région caudale, où sa hauteur n'est plus que le quart de la région antérieure. Sa tête est courte, forte et arrondie; bombée dans sa région frontale, elle s'abaisse brusquement en avant des yeux et se termine par un museau très-court et tronqué.

Ses yeux, reportés très-haut, sont relativement grands; sa bouche est très-large et fendue obliquement. La mâchoire supérieure est armée de huit fortes et longues dents d'inégale grandeur et très-espacées l'une de l'autre. Le maxillaire inférieur, qui est très-proéminent, se relève en pointe à sa partie symphysaire, les dents qu'il porte sont plus fortes et plus longues que celles de la mâchoire supérieure; elles sont au nombre de quatorze; et les premières remontent de chaque côté du crâne lorsque la bouche est fermée; celles qui viennent ensuite sont plus petites. Les palatins sont aussi garnis de dents, mais ces organes y sont moins forts.

Le préopercule est strié, l'opercule extrêmement mince; le sous-opercule et l'interopercule sont peu développés. Les rayons branchio-stéges sont au nombre de dix-sept.

Les écailles qui recouvrent le corps de ce poisson sont extrême-ment fines et de forme hexagonale. La ligne latérale, peu apparente, part du bord supérieur de l'opercule, elle s'abaisse bientôt faiblement pour se placer à égale distance du dos et du ventre et devenir hori-zontale jusqu'à la partie postérieure du corps.

La nageoire dorsale naît un peu en arrière de l'insertion des pecto-rales, son premier rayon est très-élevé et se termine par un long fila-ment; elle en a en tout six rayons.

L'adipeuse, qui est mal représentée sur les figures publiées dans les divers traités d'ichthyologie, est peu développée. Peut-on la consi-dérer comme l'analogue de la nageoire qui porte ce nom chez les Salmo-nidés, puisqu'on y retrouve des traces de rayons et que Bonaparte en compte jusqu'à dix?

Les pectorales sont longues et larges, elles ont quatorze rayons. Les ventrales, placées à peu près à la fin du premier tiers du corps, sont très-longues, étroites à leur base, larges, au contraire, à leur partie terminale; elles ont sept rayons. L'anale, opposée à ce qu'on pourrait appeler la seconde dorsale, a douze rayons. Enfin la caudale, légèrement fourchue, est formée de quatorze rayons.

Le dos de ce poisson est d'un brun verdâtre à reflets violacés; les flancs sont plus clairs et argentés, le ventre est de couleur foncée. Le dos porte en outre une série de taches dorées, les flancs présentent des raies argentées et le ventre des points d'un beau blanc d'argent.

Les nageoires sont de couleur claire, transparentes et d'un bleu verdâtre.

Ce poisson habite la haute mer. La femelle pond en hiver. Quant à sa chair, elle est molle et peu estimée.

FAMILLE DES CLUPÉIDÉS.

CLUPEIDÆ.

La famille des Clupéidés comprend un grand nombre de genres, constitués eux-mêmes, le plus souvent, par de nombreuses espèces dont quelques-unes remontent de la mer dans les fleuves et dont les autres habitent exclusivement la mer.

Certains de ces poissons, parmi lesquels nous citerons le Hareng, la Sardine, l'Anchois, etc., sont d'une grande ressource pour l'alimentation et donnent lieu à un commerce très-important. Leur pêche se fait en grand sur nos côtes de France.

Les Clupéidés ont un corps allongé, comprimé, tranchant dans sa région ventrale et recouvert d'écailles, généralement assez grandes. Ils n'ont qu'une seule nageoire dorsale.

Leurs maxillaires supérieurs sont soudés à l'incisif qui est très-petit.

Ils ont des appendices pyloriques nombreux et une vessie natatoire généralement développée.

GENRE CLUPE.

Clupea, Cuvier.

Corps allongé, comprimé et présentant sur sa carène ventrale, qui est tranchante, des dentelures s'étendant jusque dans la région thoracique. Écailles en général assez grandes.

Mâchoire inférieure dépassant le plus souvent la supérieure. Dents nombreuses et petites, manquant quelquefois aux mâchoires ou sur une ou plusieurs pièces de la cavité buccale.

Nageoire dorsale opposée aux ventrales. Caudale fourchue.

Vessie natatoire allongée. Cœcums pyloriques nombreux.

Pl. 5. — HARENG COMMUN.

Harengus........ Rondel., *de Pisc.*, p. 222. — Willugh., *Hist. Nat. Pisc.*, p. 219, pl.
Pl. 1, fig. 2.
Clupea harengus. Lin., *Syst. Nat.*, t. I, p. 522. — Bloch, *Ichth.*, pl. 29, fig. 1. —
Id., *Schneid. Syst.*, p. 422. — Lacép., t. V, p. 427. — Yarr., *Brit.*
fish., 2ᵉ édit., t. II, p. 183. — Cuv., Valenc., t. XX, p. 22, pl.
591, 592, 593. — Nilss., *Skand. Faun. fisk.*, p. 491. — Gray.,
Cat. Brit. fish., p. 83. — Bonap., *Cat. poiss. Europ.*, p. 33.
— Gunth. *Cat.*, t. VII, p. 415.

Hœringr, Islande. — *Kapirelick*, Groënland. — *Herring, Common Herring*, Angleterre. — *Häring*, Allemagne. — *Sill*, Suède. — *Sild*, Danemark. — *Harengue*, Espagne.

Parmi nos espèces alimentaires, figure en première ligne le Hareng commun, dont la pêche, pratiquée sur une vaste échelle, sur les côtes du nord-ouest de l'Europe, approvisionne non-seulement les marchés de cette contrée, mais encore ceux du monde entier. Elle donne lieu à un commerce très-étendu, commerce qui se traduit, pour les populations qui s'y livrent, par un revenu considérable.

C'est surtout sur les côtes de Norwége que la pêche de ce poisson se fait en grand; elle y a commencé vers la fin du xıᵉ siècle, mais les

Hollandais furent les premiers qui la pratiquèrent dans les règles, vers le milieu du xiiᵉ siècle ; les villes de Bruges et de Nieuport en faisaient déjà à cette époque une exportation assez considérable. Les Anglais ne tardèrent pas à imiter les Hollandais, et les Français ne voulant pas rester en arrière suivirent leur exemple.

Mais comme ce poisson est d'une qualité d'autant plus inférieure qu'il approche davantage de nos côtes, on recherche particulièrement ceux qui fréquentent celles situées plus au nord et sur lesquelles il va frayer de préférence. Les Norwégiens en exportent en une seule année pour une somme qui varie entre 8,000,000 et 11,000,000 de francs. Les chiffres des exportations françaises, anglaises et hollandaises sont de beaucoup inférieures.

La pêche de ce poisson se fait en Norwége de différentes manières et à deux époques principales de l'année que l'on désigne sous les noms de *Pêche d'hiver* et de *Pêche d'été*. Nous empruntons à ce sujet quelques détails à l'intéressant mémoire de M. Baars, intitulé : *Les pêches de la Norwége*.

Pêche du Hareng. — Vers les derniers jours de décembre, les pêcheurs s'éloignent de leurs foyers sur des bateaux non pontés, mais à l'épreuve des éléments. Ils se dirigent, les uns vers les parages situés au nord de Bergen, les autres gagnent la côte méridionale de Karmo, et vers le 15 janvier la flotte tout entière des pêcheurs est à l'œuvre.

Chaque bateau est monté par quatre ou cinq hommes, et muni de quinze à trente filets d'une longueur de 10 à 15 brasses et d'une hauteur de cent à cent cinquante mailles de 28 à 33 millimètres. On y attache des flottes de liége et on les fait couler avec des pierres. Les pêcheurs vont les jeter à plus de 20 kilomètres en mer. La pêche commence le soir, le matin on lève les filets ; mais si le poisson est très-abondant, elle continue toute la journée. Chaque bateau met à la mer douze à seize filets par tessures de trois ou quatre filets. Une seule tessure fournit quelquefois assez de poisson pour charger un bateau.

Une autre sorte de pêche consiste à cerner le poisson dans les fjords. L'armement des bateaux se compose alors d'un grand filet de 120 à 150 brasses de longueur et de 20 à 30 brasses de hauteur et d'un filet plus petit. On doit avoir un bateau pour chacun de ces filets et le nombre des pêcheurs qui le monte est ordinairement de vingt à vingt-cinq, sous les ordres d'un chef.

Une nuée d'oiseaux annonce ordinairement l'approche des harengs. Ils sont aussi suivis par des poissons très-voraces et quelquefois par des cétacés. Aussitôt qu'ils ont pénétré dans une baie, on ferme toutes les issues avec les filets dont nous avons parlé ; on jette le petit filet comme une senne et on tire le poisson sur le rivage. On prend ainsi dans ces parages, quand la saison est bonne, 50 et quelquefois 60,000 barils de harengs par jour.

Lorsque la saison est terminée à Kinn, presque tous les pêcheurs de la côte sud de Bergen se transportent dans les parages méridionaux. « C'est alors, dit M. Baars, qu'il faut voir la pêche du Hareng en Norwége ! Une demi-heure après le lever du soleil, qui dans la dernière moitié de février est quelquefois très-beau dans ces contrées, vous avez devant vous un remarquable spectacle. Sur un espace de 10 à 15 kilomètres, la mer est couverte de milliers de bateaux, tirant leurs filets et retournant à terre chargés de poisson. Au milieu de ce mouvement, des centaines de bateaux pontés, de vingt à cinquante tonneaux, louvoient ou marchent au vent, transportant le poisson frais. Plus loin les jets d'eau des Cétacés font bouillonner la surface de la mer, pendant que, pour compléter cette image grandiose, des millions de mouettes s'élèvent dans l'air et cachent quelquefois le soleil comme des nuages.

« Malheureusement elles sont rares, ces aubes lumineuses, ces journées brillantes ! Souvent la mer devient furieuse, et non-seulement elle empêche le travail du pêcheur, mais elle emporte dans ses flots des milliers de filets, qui pour la plupart ne se retrouvent jamais. »

La préparation du Hareng se fait dans de vastes ateliers où on vide le poisson. On le met ensuite dans des barils, en séparant chaque rangée par une épaisse couche de sel ; chaque baril contient environ 550 harengs, d'une longueur moyenne de 32 centimètres ; c'est ce qu'on appelle *Paquer* le hareng.

L'opération qui consiste à débarrasser le poisson de ses écailles s'appelle *Mouller*. Le *Caquage* consiste à enlever les intestins du poisson en ayant soin de laisser les *œufs* et la *laite* en place. Le *Braillage* des harengs est une demi-salure que les pêcheurs font subir à ces poissons et qui permet de les conserver pendant deux ou trois jours avant de les livrer aux ateliers de *Caquage* ou de *Saurissage*.

Pour préparer les *Harengs saurs* on commence par les *Brailler* légèrement, on les embroche ensuite avec des baguettes appelées *Ainettes* et on les place dans des tuyaux que l'on expose au-dessus de fours dans lesquels on brûle ordinairement du bois de hêtre, de manière à les exposer à une température très-douce et à une fumée très-épaisse. Plus le poisson est gros, plus il reste exposé longtemps dans les étuves; l'opération dure en général de quinze à vingt jours après lesquels on laisse égoutter les poissons. Les procédés employés en Angleterre, en Hollande ou en Norwége pour *saurer* le hareng sont peu différents du procédé français, nous ne nous arrêterons donc pas à les décrire; disons cependant que les Norwégiens retirent des intestins du poisson une assez grande quantité d'huile, et qu'ils s'en servent aussi pour fumer leurs terres. Ils trouvent là un engrais excellent et économique qu'il serait bon d'utiliser sur nos côtes de Bretagne et de Normandie.

On a longtemps pensé que le Hareng était un poisson migrateur. Suivant certains auteurs, parmi lesquels nous citerons Anderson, les profondeurs des mers voisines du pôle nord seraient le rendez-vous d'hiver des harengs.

Au printemps, dit cet auteur, ces poissons se mettraient en mouvement et formeraient un ban de plusieurs centaines de milles de longueur; bientôt ils se sépareraient en deux bandes; la droite va sur les côtes d'Islande, puis tournant vers l'occident elle gagne le banc de Terre-Neuve et disparaît ensuite. La gauche se dirige vers le sud et se divise en deux colonnes : l'une longe les côtes de Norwége et pénètre dans la Baltique; l'autre se dirige vers les Orcades, ou elle se sépare en deux bandes qui gagnent, l'une l'ouest de l'Écosse et de l'Irlande, l'autre l'est de ces mêmes contrées et les côtes de l'Angleterre; elles se réunissent ensuite, longent les côtes de Hollande et disparaissent.

Pour démontrer, dit Yarrel, que cette prétendue migration ne s'accomplit pas, il suffit de dire que le Hareng n'a jamais été rencontré en grand nombre dans les parties les plus septentrionales de l'Océan arctique et qu'il est rare sur les côtes de Groënland. Ajoutons encore que dans la Manche et les mers qui baignent les côtes d'Angleterre, de Hollande, de Suède et de Norwége, on trouve des Harengs stationnaires que les pêcheurs de ces pays connaissent bien et que l'on désigne sous le nom de *Harengs fonciers*. Il est bien reconnu aujourd'hui que les Harengs habitent la haute mer, qu'ils restent à peu de distance des lieux

où on les pêche le plus habituellement et qu'ils se rapprochent des
côtes au moment de frayer. Il faut, pour que la ponte dé ce poisson
s'effectue dans de bonnes conditions, que la température ne dépasse
guère 3° ou 4° au-dessus de zéro.

Le Hareng se nourrit de petits crustacés et de jeunes gastéropodes; ses caractères sont les suivants :

Corps allongé, comprimé latéralement et recouvert d'écailles
minces, ovalaires et peu adhérentes. Profils du dos et du ventre convexes, le premier arrondi, le second en forme de carène. Mâchoire inférieure plus longue que la supérieure; toutes deux sont armées de
dents très-petites, surtout sur les côtés. Le vomer, les palatins et la
langue présentent de semblables organes, mais un peu plus forts. Ces
dents sont peu adhérentes et manquent en plusieurs endroits, surtout
chez les vieux individus, qui en sont souvent complétement dépourvus.

L'œil est grand et la cornée recouverte en partie par une membrane adipeuse.

Le préopercule, mince et développé, recouvre en partie l'intéroper-
cule. L'opercule est de forme quadrilatère et sa surface est complète-
ment lisse.

La ligne latérale occupe le milieu du corps, elle est peu apparente.

La nageoire dorsale située sur la partie médiane du dos, est peu
développée et assez haute à son bord antérieur; elle est formée de dix-
huit ou dix-neuf rayons.

Les pectorales sont allongées, elles ont dix-sept rayons.

Les ventrales, placées au-dessous de la dorsale, sont petites, allongées et présentent des écailles axillaires à leur base. L'anale est très-
basse et composée de seize rayons. Enfin la caudale bien développée et
très-fourchue a dix-huit rayons.

Les parties supérieures du corps du Hareng sont d'un bleu verdâtre, les flancs sont argentés, le ventre est blanc.

Les nageoires dorsale et caudale sont d'un gris verdâtre; les pectorales, les ventrales et l'anale sont plus claires. Les joues et les opercules sont argentés et ont souvent des reflets dorés.

Ce poisson a une vessie natatoire et de dix-huit à vingt-trois cœcums pyloriques. Ses rayons branchiostéges sont au nombre de huit.

Pl. 6. — ESPROT.

Clupea sprattus.. .. Lin., *Syst. Nat.*, t. I, p. 523. — Bloch, *Fisch. Deuts.*, t. I, p. 206,
pl. 29, fig. 2. — Id., *Schn.*, p. 423. — Lacép., t. V, p. 444.
— Yarr., *Brit. fish.*, 2ᵉ édit., t. II, p. 197. — Gaim. Voy.,
Skand., pl. 18, fig. 2. — Bonap., *Cat. poiss. Europ.*, p. 34. —
Gunth., *Cat.*, t. VII, p. 419.
Harengula sprattus. Cuv., Valenc., t. XX, p. 285.
Spratella pumila... Cuv., Valenc., t. XX, p. 357, pl. 600.
Meletta vulgaris.... Cuv., Valenc., t. XX, p. 360.

Garvie, Sprat, Angleterre. — *Skarpsill, Hwassbuk,* Suède.
— *Breitling,* Allemagne.

L'Esprot est un poisson assez abondant sur les côtes nord-ouest
de l'Europe ; il est plus rare à mesure qu'on redescend les côtes françaises baignées par l'Océan, et ne se prend qu'accidentellement au-dessous de la Rochelle. Sa pêche commence, sur les côtes d'Angleterre,
vers la fin de novembre et se continue pendant l'hiver ; les engins qui
servent à le capturer sont les mêmes que ceux qui sont employés pour
le Hareng. En Norwége, ce poisson se pêche pendant tout l'été, et on
emploie, pour s'en emparer, des filets de barrages à mailles très-petites.
Sa taille est sensiblement inférieure à celle du hareng commun, avec
lequel il a beaucoup d'analogie de formes. Son corps, dont les lignes
dorsales et ventrales sont plus convexes, est en outre plus épais que
celui du Hareng, et sa mâchoire inférieure dépasse davantage la supérieure ; toutes deux sont armées de dents très-fines. Il y a aussi de ces
organes sur la langue.

Ses écailles sont arrondies et peu adhérentes ; celles qui garnissent
la partie inférieure du ventre forment des dentelures assez marquées
en avant et en arrière de la nageoire ventrale. Comme chez le Hareng,
l'opercule ne présente aucune strie.

La nageoire dorsale naît sur le milieu de la courbure du dos ; elle
est composée de quinze à dix-huit rayons. Les pectorales, qui ont dix-
sept ou dix-huit rayons, sont pointues et étroites.

Les ventrales naissent sur le prolongement d'une verticale qui
passerait par la base du premier rayon de la nageoire dorsale et ne

présentent pas, comme celles du hareng, d'écailles axillaires; elles sont formées de sept rayons.

L'anale est basse et allongée, elle a vingt-huit rayons. La caudale, qui est très-fourchue, en a vingt-cinq.

Le dos et le dessus de la tête de ce poisson sont d'un bleu verdâtre plus ou moins foncé; les flancs et le ventre sont du plus beau blanc d'argent. Quant aux nageoires dorsale et caudale, elles sont d'un gris noirâtre; les pectorales, les ventrales et l'anale sont plus claires.

Cette espèce a sept rayons branchiostéges; sa ligne latérale compte quarante-huit écailles, et sa carène a trente-quatre échancrures.

Ce poisson se sale comme le Hareng ou se prépare comme les Anchois, en l'assaisonnant avec du sel, du poivre, du piment, des clous de girofle, feuilles de laurier, etc.

Au printemps sa chair est de peu de valeur, mais à l'automne elle est très-délicate et préférable à celle du Hareng.

HARENGULE BLANQUETTE.

Harengula latulus.. Cuv. et Valenc., t. XX, p. 280, pl. 595.
Clupea latula...... Gunth., *Cat. fish.*, t. VII, p. 422.

Whitebait, Angleterre. — *Breitling*, Allemagne.

On prend dans l'océan Atlantique, la Manche et la mer du Nord un Clupe de petite taille qui a beaucoup d'analogie, comme forme, avec l'Esprot. Ce petit poisson, qui est surtout abondant sur nos côtes de Picardie et de Normandie, porte différents noms : on le nomme *Blanquette* à Caen, *OEillet* à Honfleur et *Flessie* à Dieppe.

Il se pêche assez abondamment dans nos ports, au moyen des filets nommés *Carrelets,* et, comme sa chair est assez délicate, on en fait une grande consommation, soit à l'état frais, soit lorsque le poisson a séjourné quelque temps dans la saumure.

La Blanquette a le corps plus élevé que celui de l'Esprot, et les écailles qui le recouvrent sont fortes et adhérentes. La tête est allongée et les mâchoires, dont l'inférieure est la plus longue, sont armées de dents très-fines; on retrouve également de ces organes sur les palatins et la langue, mais le vomer en est dépourvu.

La nageoire dorsale est plus rapprochée de la tête et l'anale plus reculée que chez l'Esprot. Les pectorales sont étroites, l'anale est peu élevée et la caudale fourchue..

Les dentelures de la carène ventrale sont assez fortes, et les écailles qui la constituent présentent en arrière une pointe assez fine.

La formule des rayons des nageoires est la suivante :

D. 17. — P. 15. — V. 9. — A. 15. — C. 20.

La Blanquette a les parties supérieures du corps d'un vert très-pâle; les flancs et le ventre sont argentés. Les nageoires sont blanches.

On compte chez cette espèce six rayons branchiostéges et quarante-trois écailles à la ligne latérale.

Pl. 7. — SARDINE.

Sardina.... ..... Bélon, p. 161. — Rondel., p. 217. — Gesner, p. 822.
Harengus minor... Willugh., *Hist. Pisc.,* p. 223, pl. P., 1. fig. 1.
Pilchard........... Penn., *Brit. Zool.,* t. III, p. 300, pl. 68.
Clupea sprattus... Brunnich, *Pisc. Mass.,* p. 82. — Risso, *Ichth. Nice,* p. 352.
Clupea pilchardus. Bloch, *Schneid.,* p. 452. — Cuv., *Règn. anim.* — Yarr., *Brit. fish.,*
              2ᵉ édit., t. II, p. 169. — Bonap., *Cat. poiss. Europ.,* p. 34.
              — Gunth., *Cat.,* t. VII. p. 439.
Clupea sardina.... Cuv., *Règn. anim.*
Alausa pilchardus. Cuv. et Valenc., t. XX, p. 445, pl. 605.

Hwafsbuk, Suède. — *Brisling,* Norwége. — *Pilchard,* Angleterre. — *Pilchard, Breitling,* Allemagne. — *Sardina,* Espagne. — *Sardinah,* Portugal. — *Sardella,* Italie.

La Sardine se pêche sur toutes nos côtes de France, mais principalement sur celles de Provence, de Langüedoc, de Bretagne et de Normandie, etc. On la prend également en abondance sur les côtes d'Italie, d'Espagne et de Portugal. Plus rare à mesure qu'on avance vers le nord de l'Océan, elle y atteint, suivant certains auteurs, des dimensions beaucoup plus fortes.

C'est en automne que les Sardines viennent frayer sur les côtes et c'est aussi à cette époque qu'on en fait une pêche très-abondante; aussitôt la ponte effectuée elles regagnent la haute mer. La pêche de la Sardine, qui dure quatre ou cinq mois de l'année, s'effectue à l'aide d'engins de différentes natures. Les plus employés sont la *Senne,* les *Carabins* et les *Folles;* dans la Méditerranée on emploie le *Sardinal.* On attire la Sardine dans les lieux où on la pêche à l'aide d'un appât qui a reçu le nom de *Rogue ;* il est composé principalement d'œufs de Morue qu'on tire surtout de Terre-Neuve, de la Norwége et du Danemark. On se sert aussi du *Gueldre,* appât composé de têtes de poissons broyées et macérées avec la chair de petits crustacés.

La Sardine est un excellent poisson et sa chair lorsqu'elle est mangée fraîche est un mets très-délicat. On lui fait subir plusieurs préparations pour la conserver et on en livre de grandes quantités dans le commerce. Ces poissons sont les uns salés, les autres marinés dans la saumure ou dans l'huile; on les conserve aussi dans le beurre fondu.

Ce poisson a le corps moins allongé que les précédents, sa courbure dorsale est peu marquée, son profil ventral assez saillant. Son dos est arrondi, ses flancs comprimés et son ventre tranchant. Les écailles qui recouvrent le corps sont grandes, minces et peu adhérentes. La tête est triangulaire, l'œil grand et le museau pointu. Les machoires sont sensiblement égales, cependant l'inférieure dépasse un peu la supérieure ; on remarque sur les maxillaires des dents très-fines et à peine perceptibles.

Le bord postérieur de l'opercule est presque droit, cette pièce porte plusieurs stries, généralement au nombre sept ou huit. Les ouïes sont largement fendues et il y a sept rayons branchiostéges.

La ligne latérale n'est pas apparente.

La nageoire dorsale naît vers la fin du premier tiers de la courbure du dos ; d'abord très-élevée, elle diminue graduellement jusqu'à sa terminaison, et se compose de seize ou dix-huit rayons. Les pectorales ont dix-sept rayons, les ventrales huit, l'anale seize ou dix-sept et la caudale dix-neuf.

La vessie natatoire est très-grande.

Les parties supérieures du corps de ce poisson sont d'un vert bleuâtre, les parties latérales de la tête sont teintées de jaune. Les flancs et le ventre sont argentés.

La Sardine se nourrit de petits poissons, de crustacés et de mollusques.

MELETTE DE LA MÉDITERRANÉE.

Clupea maderensis... Lowe, *Trans. Zool. Soc.,* t. II, p. 189. — Gunth., *Cat.,* t. VII, p. 440.
Meletta mediterranea. Cuv. et Valenc., t. XX, p. 369.

Assez commune sur les côtes de Provence et de Languedoc, la Melette de la Méditerranée y est désignée sous le nom de *Méleta.* Les

Italiens l'appellent *Meletta*. On la prend aussi dans l'océan Atlantique, aux environs de Madère.

Ce poisson, de petite taille, dont les couleurs rappellent assez celles de la Sardine, a pour caractères principaux, d'avoir le corps allongé et peu élevé. Ses mâchoires sont dépourvues de dents et l'inférieure dépasse un peu la supérieure. La langue seule présente le plus souvent une bande étroite de dents très-petites.

La nageoire dorsale est plus rapprochée du museau que de la queue et ses rayons sont au nombre de dix-huit ou dix-neuf. Elle présente une tache noirâtre à la base de ses premiers rayons.

Les pectorales sont longues et ont quatorze rayons ; les ventrales, plus courtes, sont insérées sous le milieu de la nageoire dorsale ; elles ont neuf rayons ; l'anale en a dix-huit, et la caudale, qui est très-fourchue, en compte vingt-cinq.

Cette espèce a six rayons branchiostéges.

GENRE ANCHOIS.

Engraulis, Cuvier.

Corps allongé, arrondi dans sa partie dorsale, comprimé dans sa région ventrale et recouvert d'écailles assez grandes.

Museau pointu ; mâchoire supérieure dépassant l'inférieure, dont l'intermaxillaire petit est intimement uni au maxillaire. Dents petites et nombreuses, existant dans la plupart des cas aux mâchoires, sur le vomer, les palatins et les ptérygoïdiens.

Nageoire dorsale peu développée. Caudale fourchue.

Rayons branchiostéges au nombre de neuf à quatorze. Une vessie natatoire.

Pl. 8. — ANCHOIS.

Encrasicholus........ . Rondel., t. VII, chap. ii, p. 211. — Willugh., p. 225, pl. P.,
2. fig. 2.

Clupea encrasicholus.... Lin., *Syst. Nat.*, t. I, p. 523. —Bloch, *Fisch. Deutsch,* t. II,
p. 212, pl. 30, fig. 2. — Id., *Schneid.*, p. 423. —Lacép.,
t. V, p. 455. — Brunn., *Pisc. Mass.*, p. 83. — Risso,
Ichth. Nice, p. 354.

Anchovy............ ... Yarr., *Brit. fish.*, t. II, p. 217.

Engraulis encrasicholus. Cuv., *Règn. anim.* — Risso, *Europ. mérid.*, t. III, p. 454.
Cuv. et Valenc., t. XXI, p. 7, pl. 607. — Bonap., *Cat.*
poiss. Eur., p. 34. — Gunth., *Cat.*, t. VII, p. 385.

Engraulis melctta...... Cuv., *Règn. anim.*

Brisling, Norwége. — *Anchovy*, Angleterre. — *Bykling*, Danemark. —
Anjovis, Allemagne. — *Roqueron*, *Anchoa*, Espagne. — *Amplora*,
Italie.

L'Anchois, très-commun sur les côtes de Portugal, d'Espagne, de
France et d'Italie, est plus rare sur celles du nord-ouest de l'Europe où
on le pêche pendant les mois d'été, principalement dans le voisinage
des bouches de l'Escaut. Sa pêche se fait en grand sur nos côtes méditerranéennes ainsi que sur celles de Corse, de Sicile et de Catalogne;
on le prend aussi dans l'Adriatique, aux environs de Venise. Les engins
qu'on emploie pour cette pêche se nomment *Rissoles :* ce sont des filets
qui mesurent 40 brasses de longueur et 25 à 30 pieds de hauteur; on les
jette la nuit. Trois ou quatre bateaux sont employés à cette pêche ; l'un
d'eux porte les filets, les autres sont pourvus, à l'avant, d'un réchaud
sur lequel on brûle du bois sec enduit de résine, de façon à produire
une vive clarté. Les anchois, attirés par cette lumière, s'amassent en
grand nombre, et lorsque les gens qui montent l'embarcation jugent
leur quantité suffisante, ils avertissent par un signal le bateau qui porte
les filets, et l'équipage qui le monte, jetant ces engins, cerne le poisson.
Cette opération terminée, on éteint les feux, et l'Anchois, effrayé par le
bruit que font les pêcheurs battant l'eau avec leurs rames, cherche à fuir
et se prend par la tête dans les mailles des *Rissoles*.

On pêche aussi les Anchois à la *Rissole* fixe. Ce filet ayant été préalablement tendu, les pêcheurs attirent le poisson avec leurs feux et le
conduisent dans l'enceinte.

Les pêcheurs bretons désignent ce poisson sous le nom de *Guinon-çamet,* les Niçois l'appellent Amplora, les Languedociens *Antchoïa.*

Le corps de l'Anchois est très-allongé, arrondi sur le dos et comprimé dans sa région ventrale; il est recouvert d'écailles grandes et peu adhérentes. Sa tête est longue, son museau très-pointu et sa bouche largement fendue. La mâchoire supérieure est beaucoup plus longue que l'inférieure ; toutes deux sont armées de dents extrêmement fines. On trouve de semblables organes sur le vomer, les palatins et les ptérygoïdiens. Les pièces operculaires sont placées obliquement et le bord postérieur de l'opercule touche presque la base de la pectorale.

La nageoire dorsale, haute à son bord antérieur, très-basse au contraire dans ses derniers rayons, naît sur le milieu de la courbure du dos; elle a en tout quatorze rayons.

Les pectorales, placées assez bas, sont longues et composées de dix-sept rayons. Les ventrales, placées en avant de la verticale passant par l'origine de la dorsale, sont petites et ont sept rayons. L'anale, basse et peu allongée, a de seize à dix-huit rayons. Enfin la caudale, très-échancrée, en a vingt et un.

Les rayons branchiostéges sont au nombre de treize. La vessie natatoire est mince et allongée.

L'Anchois a le dos et les parties supérieures de la tête d'un vert plus ou moins sombre; ses flancs et son ventre sont argentés. Malgré le nombre prodigieux qu'on en prend chaque année, malgré la quantité énorme qu'en détruisent les cétacés et autres animaux marins qui se nourrissent de leur chair, les anchois sont toujours très-abondants dans le voisinage de nos côtes. Les femelles pondent une très-grande quantité d'œufs.

La chair de ce poisson, qui est peu recherchée à l'état frais, devient au contraire fort agréable et est très-appréciée lorsqu'elle a été préalablement salée. La pêche la plus abondante en France se fait dans le voisinage d'Antibes et de Saint-Tropez.

FAMILLE DES ALÉPOCÉPHALIDÉS.

ALÉPOCEPHALIDÆ.

Cette famille, qui n'a pour représentant qu'un seul genre méditerranéen, le genre Alépocéphale, que Cuvier avait d'abord placé dans la famille des Ésocidés et que Risso rangeait parmi les Clupéoïdes, est représentée sur nos côtes par l'Alépocéphale à bec. Ce poisson, habitant les grands fonds, est fort rare sur nos côtes, et on ne le prend qu'à de rares intervalles dans les parages de Nice.

GENRE ALÉPOCÉPHALE.

Alepocephalus, Risso.

Corps cylindrique, un peu comprimé et recouvert d'écailles de moyenne grandeur et très-peu adhérentes.

Bouche assez grande, mâchoires allongées, armées de dents fines, disposées sur une seule rangée. Il y a aussi de ces organes sur le vomer.

Nageoires dorsale et anale reportées très en arrière et opposées l'une à l'autre.

Nageoire caudale courte.

Six rayons branchiostéges.

Pas de vessie natatoire.

Pl. 9. — ALÉPOCÉPHALE A BEC.

Alepocephalus rostratus. Risso, **Mém. acad.,** Turin, t. XXV, p. 271, pl. X. — Cuv, et Valenc., t. XIX, p. 172, pl. 566. — Bonap., *Cat. poiss. Eur.,* p. 34. — Gunth., *Cat. poiss.,* t. VII, 477.

L'Alépocéphale à bec qui est propre à la Méditerranée est très-rare dans cette mer et n'a été signalé que sur les côtes de Nice. Il habite les eaux profondes et ne s'approche que rarement des côtes. Son corps est allongé, cylindrique et recouvert d'écailles de grandeur moyenne et faiblement adhérentes.

Sa tête est longue, l'ouverture de sa bouche assez large ; ses mâchoires, presque égales, sont allongées et armées de dents petites et disposées sur une seule rangée. On trouve aussi de ces organes sur les palatins.

L'œil est très-grand et l'ouverture des narrines est placée en avant de lui.

L'opercule, triangulaire et strié, est assez développé ; les rayons branchiostéges sont au nombre de six.

La ligne latérale qui part du bord postérieur et supérieur de l'opercule, s'abaisse d'abord faiblement pour se diriger ensuite horizontalement jusqu'à la partie postérieure du corps.

La nageoire dorsale, reportée très en arrière, est arrondie à son
bord libre, elle a quatorze ou seize rayons; les pectorales, courtes et
larges, en ont onze, et les ventrales placées sur le milieu du corps,
petites et pointues, ont sept rayons.

L'anale, un peu plus reculée que la dorsale, mais opposée à cette
dernière nageoire, a aussi la même forme; on y compte dix-huit rayons;
la caudale, peu fourchue et courte, en a vingt-sept.

La tête de ce poisson est d'une couleur noire à reflets violacés; le
corps est d'un bleu plus ou moins foncé. Les nageoires sont toutes d'une
teinte se rapprochant de celle de la tête.

Ce poisson n'a pas de vessie natatoire.

FAMILLE DES STOMIATIDÉS.

STOMATIDÆ.

Cette famille, qui ne renferme qu'un petit nombre de genres, est représentée sur nos côtes par le genre Stomias.

Les Stomiatidés habitent la haute mer, et se nourrissent de petits poissons. Ils ont le corps allongé, comprimé, recouvert d'écailles petites et peu adhérentes. Leur tête est courte et leur bouche, qui est large, est armée de dents inégales, pointues et recourbées ; l'intérieur de cette cavité en est aussi pourvu.

Ils portent tous un barbillon situé au-dessous de la région hyoïdienne.

GENRE STOMIAS.

Stomias, CUVIER.

Corps allongé, comprimé et recouvert d'écailles très-petites.

Tête peu développée; museau court; mâchoire inférieure dépassant la supérieure. Dents longues aiguës et recourbées sur les intermaxillaires et la mâchoire inférieure, plus petites sur les mâchoires supérieures, les palatins, le vomer, les os branchiaux et la langue. Un barbillon inséré sous la gorge, en avant de la région hyoïdienne.

Nageoire dorsale placée sur la région postérieure du corps. pectorales peu développées. Ventrales petites et reportées très en arrière.

Pas d'appendices pyloriques.

Pl. 10. — STOMIAS BARBU.

Stomias barbatus. Cuv., *Règn. anim.*, t. II, p. 283. — Bonap., *Cat. poiss. Eur.*, p. 35. — Gunth., *Cat.*, t. V, p. 426.

Vipera di mare, Pisci diavulu. — Italie.

Ce Stomias, qui est très-rare sur notre côte des Alpes-Maritimes, n'a pas encore été signalé sur celles de Provence et de Languedoc; il est abondant, au contraire, dans les eaux de la Sicile. Sa chair, molle et de mauvais goût, passe parmi les pêcheurs pour vénéneuse, mais ce fait n'est pas prouvé. Ce poisson, dont les formes sont bizarres, a reçu des pêcheurs plusieurs noms qui rappellent l'aversion qu'ils ont pour lui. Les Niçois l'appellent *Masca di amploa* et *Vipera de mar.*

Le corps du Stomias barbu est très-allongé, un peu comprimé et recouvert d'écailles extrêmement minces et peu adhérentes. Sa tête est petite, son œil assez grand et arrondi. Sa bouche est largement fendue, et ses mâchoires, dont l'inférieure dépasse un peu la supérieure, sont armées de dents inégales, assez longues, surtout aux intermaxillaires et au maxillaire inférieur, plus petites aux maxillaires supérieurs; elles sont espacées, aiguës et recourbées en arrière. On trouve de semblables organes sur le vomer, les palatins, la langue et les os branchiaux. Au-dessous et en avant de la région hyoïdienne, pend un long barbillon frangé à son extrémité.

L'opercule est étroit et la fente branchiale très-ouverte.

La nageoire dorsale, qui est reportée à la partie postérieure du corps, est courte, assez haute et formée de neuf rayons. Elle est opposée à l'anale.

Les pectorales petites, naissent immédiatement en arrière de l'opercule; elles ont six rayons. Les ventrales, peu développées, s'insèrent au commencement du dernier tiers du corps; elles comptent le même nombre de rayons que les pectorales. L'anale, qui est, comme nous l'avons dit, opposée à la dorsale, a treize rayons, et la caudale, très-fourchue, en compte dix-neuf.

Le corps du Stomias barbu est d'une couleur brun foncé; il est parcouru par des bandes longitudinales à reflets argentés ou dorés, généralement au nombre de cinq ou six. Sous la gorge et sur toute la région ventrale on remarque une série de petits points brillants. Les nageoires sont d'un blanc rosé quelquefois légèrement sablé de gris. Le barbillon est de couleur rose chair, ses filaments sont grisâtres.

Ce poisson fréquente les grands fonds; il est rejeté, mais à de rares intervalles, sur les côtes, pendant les grandes tempêtes. Il se nourrit de petits clupes.

STOMIAS BOA.

Esox boa... Risso, *Ichth. Nice.*, p. 330, pl. 10, fig. 34. — Cuv., *Règn. anim.*, t. II, p. 283.
Stomia boa. Risso, *Eur. Mérid.*, t. III, p. 440, fig. 40. — Cuv., *Règn. Animal.*, t. II, p. 283. — Bonap., *Cat. poiss. Eur.*, p. 35. — Cuv. et Valenc., t. XVIII, p. 368, pl. 545. — Gunth., *Cat.*, t. V, p. 426.

Cette seconde espèce de Stomias habite aussi la Méditerranée, et a été signalée par Risso sur les côtes de Nice. Elle diffère du Stomias barbu, par la moindre longueur de son barbillon et le plus grand développement de ses nageoires ventrales, qui ont cinq rayons. Sa nageoire dorsale en a aussi un plus grand nombre, on y en compte dix-huit. L'anale en a dix-neuf.

FAMILLE DES SCOMBRÉSOCIDÉS.

SCOMBRESOCIDÆ.

Les Scombrésocidés sont des poissons propres aux régions tempérées et tropicales ; la plupart de leurs espèces sont marines ; quelques-unes d'entre elles remontent de la mer dans les fleuves, d'autres habitent les eaux douces.

Le corps de ces poissons est allongé et recouvert de petites écailles. Leur museau est proéminent, leur intermaxillaire bien développé, et les deux mâchoires, très-longues, sont armées de dents très-fines. Le genre *Hemiramphus* qui fait partie de cette famille, mais dont les espèces ne fréquentent point nos côtes, en diffère cependant par une mâchoire supérieure très-courte.

Leur nageoire dorsale, très-reportée en arrière, est opposée à l'anale. Ils ont en général une vessie natatoire simple et leur pylore est dépourvu d'appendices.

GENRE ORPHIE.

Belone, CUVIER.

Corps allongé, étroit, comprimé et recouvert d'écailles petites et nombreuses.

Tête longue; museau en forme de rostre. Intermaxillaires très-développés et formant la portion proéminente de la mâchoire supérieure, qui est elle-même dépassée en longueur par l'inférieure. Dents petites et nombreuses aux mâchoires et quelquefois au palais. Préopercule et opercule très-développés.

Nageoires dorsale et anale reportées en arrière.

Vessie natatoire grande. Pas de cœcums pyloriques.

Douze rayons branchiostéges.

Le squelette de ces poissons est coloré en vert.

Pl. 11. — ORPHIE VULGAIRE.

Esox belone............ Lin., *Syst. nat.*, t. I, p. 517. — Bloch, pl. 33. — Id., *Schn.*,
  p. 391. — Lacép., t. V, p. 308. — *Mull. Faun. Dan.*,
  p. 49.
Belone vulgaris......... Yarr., *Brit. fish.*, t. I, p. 391. — Cuv., Valenc., t. XVIII,
  p. 399. — Nilss., *Faun. Skand.*, p, 359. — Gunth., *Cat.
  fish.*, t. VI, p. 254.
Hemiramphus europœus. Yarr., *Mag. Zool.*, 1837, p. 505. — Id., *Brit. fish.*, 2e édit.,
  t. I, p. 450.
Hemiramphus obtusus... Couch, *Brit. fish.*, t. IV, p. 139, pl. 208.

Horn-igel, Islande. — *Gar-fish, Gar pike, Horn fish*, Angleterre. — *Horn-
hecht, Nadelhecht, Nadelfisch*, Allemagne. — *Hornfisk, Horn-Give*,
Danemark. — *Nebbe-Sild*, Norwége. — *Naabgiadda, Horngadda*,
Suède. — *Geepvisch*, Hollande. — *Aguja, Paladar, Corcido*, Espagne.

L'Orphie vulgaire, qui est une espèce propre à l'océan Atlantique, est surtout abondante vers le nord; on en prend en assez grande quantité sur les côtes baignées par la mer du Nord, dans la Manche et sur les côtes de l'ouest de la France. Les pêcheurs bretons la nomment *Anguileenc, Galien*, les Basques l'appellent *Oralca*. Ce poisson vit par troupes et ne s'approche des côtes qu'à l'époque de la ponte, qui a lieu dans les mois d'avril ou de mai. Il nage près de la surface des eaux et ses mouvements sont très-rapides. Sa chair est assez estimée et on en fait une assez grande consommation en Angleterre ; en Hollande on s'en sert comme appât.

La pêche de l'Orphie se fait généralement pendant la nuit ; on emploie à cet effet, soit le *harpon*, soit de longs filets que l'on nomme *aiguillères*. La taille ordinaire de ce poisson est de 70 à 80 centimètres, mais il y en a de plus grands.

L'Orphie vulgaire a le corps étroit et très-allongé, ce qui lui a valu le nom d'*aiguille de mer*. Son dos est arrondi, son ventre comprimé. Sa tête est longue, aplatie supérieurement, et ses mâchoires, dont l'inférieure dépasse de beaucoup la supérieure, sont très-développées et très-inégales ; toutes deux sont armées de dents nombreuses et très-petites, disposées sur une bande à la mâchoire supérieure, sur une seule rangée à l'inférieure. Il y a de semblables organes sur le vomer.

Les ouïes sont largement fendues. Le préopercule est peu apparent, l'opercule est très-développé, l'interopercule petit. Les rayons branchiostéges sont au nombre de douze.

Les écailles qui recouvrent le corps du poisson sont assez petites. Quant à la ligne latérale, elle est peu marquée et plus rapprochée du dos que du ventre.

La nageoire dorsale, qui est peu élevée et allongée, est reportée très en arrière ; on y compte de dix-sept à dix-neuf rayons dont les antérieurs sont les plus longs. Les pectorales, courtes et larges, ont douze rayons ; les ventrales, qui s'insèrent sur le milieu de la longueur du corps, sont petites et formées de six rayons ; l'anale, opposée à la dorsale, a la même forme que cette dernière nageoire et se compose de vingt et un ou de vingt-deux rayons.

La caudale, fourchue et bien développée, a quinze rayons.

L'Orphie a les parties supérieures de la tête et du dos d'un vert bleuâtre à reflets métalliques, les flancs sont plus clairs ; le ventre ainsi que les parties latérales de la tête sont blanc d'argent. Les nageoires dorsale et caudale sont grises et leur bord est noirâtre ; les autres nageoires sont blanches.

Ce poisson est pourvu d'une vessie natatoire. On trouve généralement dans son estomac des débris d'algues.

ORPHIE AIGUILLE.

Acus........ Rondel., t. I, p. 257.
Esox belone. Brunn., *Ichth. Mass.*, p. 79. — Risso, *Ichth. Nice*, p. 330.
Belone acus. Risso, *Eur. mérid.*, t. III, p. 443. — Bonap., *Faun. Ital.*, c. fig. —
Cuv., Valenc., t. XVIII, p. 414. — Gunth., *Cat. fish.*, t. VI, p 251.

Aguglia, Aguja, Agon, Angozella, Pesce ago, Italie. — *Vereteniza*, Russie.
— *Balanida*, Grèce.

Cette seconde espèce d'Orphie habite la Méditerranée et la mer Noire. Elle est surtout abondante sur les côtes d'Italie, sur celles de Provence et sur les plages du Languedoc. Les pêcheurs de Nice la nomment *Aguglia* et *Becassino de Mar*; les Marseillais *Aguillo* ou *Agojo*; les Languedociens *Agúïa*.

Ce poisson qu'on a longtemps confondu avec le précédent lui ressemble beaucoup par la forme de son corps, de sa tête et de ses nageoires. Il s'en distingue cependant par l'absence de dents vomériennes et par un plus grand développement de celles qui arment les mâchoires.

L'Acus a les parties supérieures du corps verdâtres, les côtés de la tête, les flancs et le ventre sont argentés. Le long des flancs on aperçoit une ligne d'un brun violacé; il y en a une seconde placée plus bas sur le ventre, mais elle est moins apparente.

GENRE SCOMBRÉSOCE.

Scombresox, LACÉPÈDE.

Corps allongé, comprimé et recouvert de petites écailles.

Tête longue, un peu déprimée dans sa région supérieure.

Mâchoires allongées en forme de bec, l'inférieure dépassant la supérieure. Toutes deux sont armées de dents nombreuses et fines.

Nageoires dorsale et anale suivies de fausses pinules, analogues à celles des Scombéroïdes.

Vessie natatoire grande, lorsqu'elle existe.

Pas d'appendices pyloriques.

Pl. 12. — SCOMBRÉSOCE CAMPÉRIEN.

Esox saurus......... Bloch, *Schn.*, p. 394, pl. 78, fig. 2.
Scombresox saurus.. Flem., *Brit. An.*, p. 184. — Gunth., *Cat. fish.*, t. VI, p, 257.
Scombresox camperii. Lacép., t. V, pl. 345, pl. 6, fig. 3. — Cuv., Valenc., t. XVIII,
               p. 464, pl. 551. — Yarr., *Brit. fish.*, t. I, p. 465, 3ᵉ édit.
Sayris camperi...... Bonap., *Faun. Ital.* — Id., *Cat. poiss. Eur.*, p. 81.

Saury Pike, Saury, Skipper, Gowdnook, Iles Britanniques. — *Makreel-geep, Makreel-Snoek.* Belgique. — *Marabumbo, Agulha.* Portugal.

Ce poisson, propre à l'océan Atlantique, vit par bandes, quelquefois assez nombreuses, qui se rapprochent des côtes, et il n'est pas rare de voir quelques individus venir y échouer pendant les gros temps. Sa distribution géographique est assez étendue : on le prend sur les côtes d'Europe, d'Afrique, et jusque sur celles d'Amérique. Il se tient de préférence près de la surface de l'eau ; ses mouvements sont très-rapides et sa nourriture, qui est variée, consiste en petits crustacés et en algues. Sa taille habituelle est de 50 centimètres.

Le corps de ce Scombrésoce, très-allongé, grêle et comprimé, est recouvert d'écailles petites et peu adhérentes. Sa tête est longue, son œil de grandeur moyenne.

La mâchoire inférieure dépasse de beaucoup la supérieure ; elles sont toutes deux armées de dents très-petites.

Le préopercule est petit ; l'opercule, très-élargi, va rejoindre en dessous celui du côté opposé. Les ouïes sont largement fendues et les rayons branchiostéges au nombre de treize.

La nageoire dorsale, très-reportée en arrière, se décompose en plusieurs portions. La première, qui est la principale, est formée de dix ou onze rayons ; elle est suivie de cinq fausses nageoires rappelant un peu celles des scombéroïdes.

Les pectorales, courtes, larges et pointues, sont constituées par treize rayons; les ventrales, reportées très-loin en arrière, sont petites et n'en ont que six; l'anale, opposée à la dorsale dont elle a la forme, est suivie de six à sept fausses nageoires, sa portion principale a treize rayons. Enfin la caudale, très-fourchue, compte de vingt à vingt-cinq rayons.

Le dos de ce poisson est d'un bleu plus ou moins foncé à reflets verts; ses flancs sont plus clairs, son ventre est blanc et légèrement teinté de bleu.

Les nageoires dorsale, pectorale et caudale sont lavées de bleu, l'anale et les ventrales sont plus pâles.

Cette espèce est pourvue d'une vessie natatoire très-développée.

Le Scombrésoce campérien ne figure qu'accidentellement sur nos marchés.

SCOMBRÉSOCE DE RONDELET.

Saurus............... Rond., t. I, p. 232.
Scombresox camperii.. Risso, *Ichth. Nice.*, p. 334. — Id., *Eur. mér.*, t. III, p. 444.
Sayris camperi....... . Bonap., *Faun. Ital.*, fig. — Id., *Cat. poiss. Eur.*, p. 81.
Scombresox Rondeletii. Cuv., Valenc., t. XVIII. p. 472. — Gunth., *Cat. fish.*, t. VI,
        p. 258.

Testaredda, Cristareda, Cristardedda, Tristaredda, Ristardedda, Italie.

On prend sur les côtes du Languedoc, de Provence, des Alpes-Maritimes et sur celles d'Italie, une seconde espèce de Scombrésoce que l'on désigne à Nice sous le nom de *Gastodella* ou de *Gastondella.* Ce Scombrésoce qui se rapproche beaucoup comme forme générale du Scombrésoce Campérien, s'en distingue cependant par le nombre moins considérable de ses fausses nageoires anales. Il est dépourvu de vessie natatoire, organe qui prend au contraire un grand développement dans l'espèce précédente.

Les parties supérieures de son corps sont d'un bleu verdâtre, ses flancs, les parties latérales de sa tête et son ventre, brillent d'une belle couleur argentée à reflets métalliques.

Cette espèce n'atteint pas une forte taille et sa chair est coriace.

FAMILLE DES EXOCÉTIDÉS.

EXOCETIDÆ.

Le caractère le plus frappant des poissons de cette famille est d'avoir des nageoires pectorales très-développées et leur servant à se maintenir quelque temps au-dessus des flots. Leur corps est oblong; leur tête, assez forte, est aplatie en dessus, leur museau est court et obtus. Des écailles assez larges recouvrent leur corps et les parties latérales de leur tête.

Leur vessie natatoire est grande et leur tube digestif dépourvu d'appendices pyloriques.

Ces poissons habitent les zones tempérées et tropicales.

GENRE EXOCET.

Exocœtus, Artedi.

Corps allongé, arrondi dans sa région dorsale, un peu comprimé latéralement et recouvert, ainsi que les parties latérales de la tête, d'écailles assez grandes.

Tête aplatie sur sa face supérieure, museau court, mâchoires armées de dents à peine perceptibles.

Nageoires pectorales très-développées et servant au poisson à s'élever au-dessus des flots. Ventrales plus ou moins rapprochées de l'anale. Caudale à lobe inférieur plus développé que le supérieur.

Vessie natatoire grande. Pas d'appendices pyloriques.

EXOCET FUYARD.

Exocœtus evolans. Lin., *Syst. Nat*, t. I, p. 521. — Bloch., pl. 398. — Id., *Schneid.,* p. 430, pl. 84. — Cuv., Valenc., t. XIX, p. 138. — Yarr., *Brit. fish.,* 3ᵉ édit., t. I, p. 474.—Bonap., *Cat. poiss. Eur.,* p. 81. — Gunth., *Cat. fish.,* t. VI, p. 282.
Exocœtus volitans. Lacép., t. V, p. 41, pl. 12, fig. 2. — Yarr., *Brit. fish.,* 2 édit., t. I, p. 453.

Flying fish, Angleterre. — *Hochflieger,* Allemagne.

L'Exocet fuyard, qu'on trouve dans la Méditerranée et dans l'océan Atlantique, habite aussi l'océan Pacifique. C'est un poisson très-remarquable par sa forme et surtout par le grand développement de ses nageoires pectorales, qui, disposées en forme d'ailes, lui permettent de s'élever au-dessus des flots et d'échapper à la fureur de ses ennemis. Mais s'il évite de la sorte les Coryphènes, les Dauphins et les autres animaux marins qui se nourrissent de sa chair, il est souvent saisi au passage par les oiseaux qui planent à la surface des flots, principalement par les Albatros et les Frégates. La hauteur à laquelle l'Exocet peut s'élever au-dessus du niveau de la mer ne dépasse guère un mètre, son vol dure rarement plus d'une minute, mais la distance parcourue est parfois considérable.

Le corps de ce poisson, allongé, arrondi sur le dos et dans sa région ventrale, un peu comprimé sur les flancs, est recouvert d'écailles assez grandes. Sa tête est longue, large et aplatie en dessus, comprimée sur les côtés; son museau est court et arrondi; sa bouche est petite. Les mâchoires sont sensiblement égales ; l'inférieure dépasse cependant, mais faiblement, la supérieure; toutes deux sont pourvues de dents très-petites et à peine perceptibles. Les os pharyngiens portent aussi de petites dents.

L'œil est assez grand.

Le préopercule est bien développé, l'opercule très-élargi. Les rayons branchiostéges sont au nombre de treize.

La ligne latérale est peu apparente.

La nageoire dorsale, qui est très-reportée en arrière, est assez haute à son bord antérieur; elle va ensuite diminuant de hauteur jusqu'à son quatorzième et dernier rayon; sa forme est triangulaire.

Les pectorales sont extrêmement développées et leur longueur est égale à celle du corps; elles sont mises en mouvement par des muscles puissants. Leurs rayons sont au nombre de quinze.

Les ventrales, reportées très en arrière, sont larges et longues, elles ont six rayons ; les médians, qui sont les plus forts, sont aussi les plus longs.

L'anale, plus courte que la dorsale, naît à peu près au-dessous de la fin du premier tiers de cette dernière nageoire; elle est basse et formée de treize à quatorze rayons.

Enfin la caudale, dont le lobe inférieur est plus long que le supérieur, a vingt-deux rayons ; elle est très-échancrée.

L'Exocet fuyard a les parties supérieures du corps d'un bleu plus ou moins foncé ; les flancs sont plus clairs, le ventre est blanc d'argent. Ses nageoires pectorales sont d'un bleu noirâtre sur leur face interne ou supérieure, blanches sur leur face externe. Ses autres nageoires sont de couleur plus claire.

La chair de ce poisson est assez agréable ; sa taille moyenne est de 30 centimètres, on en prend souvent de plus longs.

Pl. 13. — EXOCET VOLANT.

Hirundo. . . . . Salvien, p. 185, pl. 67.
Exocœtus volitans. . Lin., *Syst. Nat.*, t. I, p. 520. — Cuv., Valenc., t. XIX, p. 83,
pl. 559. — Gunth., *Cat. fish.*, t. VI, p. 293.
Exocœtus exiliens. . Bloch, pl. 397.

Swallow, Angleterre. — *Springfisch*, Allemagne. — *Rennenone*,
Italie. — *Rondini*, Sardaigne.

Cette espèce, qui est propre à la Méditerranée, est assez commune sur nos côtes de Provence et dans le voisinage des plages du Languedoc, où les pêcheurs la désignent sous le nom de *Peï voulan.* Les Provençaux l'appellent *Muju-vouran*, les Niçois, *Arendoula.* Elle se distingue à première vue de la précédente par la position de ses nageoires ventrales, qui sont beaucoup plus rapprochées de l'anale, nageoire qui elle-même a un moins grand nombre de rayons que celle de l'Exocet fuyard. Ses couleurs sont en outre différentes : son dos est d'un gris verdâtre à reflets bleus. Les nageoires pectorales sont d'un gris brunâtre et leur bord libre est blanchâtre. La caudale est gris foncé sur son bord postérieur.

La formule des rayons des nageoires de ce poisson est la suivante :
D. 11. — P. 15. — V. 6. — A. 9. — C. 22.

EXOCET SAUTEUR.

Exocœtus exsiliens. . . Lin., *Gm.*, t. I, p. 1400. — Cuv., Valenc., t. XIX, p. 114. —
Gunth., *Cat. fish.*, t. VI, p. 291. — Cuv., *Règn. anim.*,
t. II, p. 287.
Exocœtus fasciatus. . . Lesueur, *Jour. Acad. Nat. Sc.*, Philad., t. II, p. 8, pl. 4,
fig. 2.

Greather Flying Fish, Angleterre.

Cette troisième espèce d'Exocet habite l'océan Atlantique et se pêche quelquefois dans la Manche, sur les côtes de France et d'Angleterre ; elle est plus commune sur nos côtes de l'ouest.

Ce poisson est très-remarquable par ses couleurs, qui sont d'un beau bleu foncé sur le dos ; les flancs sont plus clairs, le ventre est blanc. Ses nageoires ventrales et pectorales sont traversées par des

bandes brunes, et le lobe inférieur de sa caudale présente trois taches
de même couleur; on remarque aussi de semblables taches, mais plus
petites, sur la nageoire dorsale.

EXOCET DE RONDELET.

Mugil (alatus) ...... Rondel., t. IX, p. 207.
Exocœtus Rondeletii. Cuv., Valenc. t. XIX, p. 115, pl. 562. — Gunth., *Cat. fish.*,
t. V, p. 293.

Citons encore l'Exocet de Rondelet, que l'on prend dans la Méditerranée et qui se trouve quelquefois sur les plages du Languedoc;
comme les autres Exocets, les pêcheurs de cette contrée l'appellent *Peï
voulan*. Il se distingue par le peu de hauteur de ses nageoires dorsale
et anale, qui sont sensiblement opposées l'une à l'autre, et par ses
nageoires pectorales et ventrales, qui sont longues et pointues.

Les couleurs du corps de cet Exocet sont à peu près celles des
autres espèces, mais ses nageoires pectorales sont d'un brun clair et
tachetées de bleu. Les ventrales, noires, sont bordées de blanc.

ORDRE

DES

MALACOPTÉRYGIENS

SUBBRACHIENS

ANACANTHINS (MULLER) ET MALACOPTÉRYGIENS APODES, (*partim*) (CUVIER).

FAMILLE DES GADIDÉS.

GADIDÆ.

La famille des Gadidés, dont les représentants habitent les régions septentrionales et tempérées de l'hémisphère arctique, renferme un grand nombre de genres, dont la plupart, très-abondants sur les côtes du nord de l'Europe et de l'Amérique, sont une grande source de richesse pour les peuples qui se livrent à leur pêche. La fécondité de ces poissons est vraiment incroyable : une femelle peut pondre plusieurs millions d'œufs, et malgré la quantité considérable de sujets détruits chaque année, leur nombre ne semble point diminuer. Leur chair est très-nourrissante et l'huile qu'on retire de leur foie tient une large part, soit dans la thérapeutique, soit dans l'industrie. Les œufs de ces poissons sont l'objet d'un commerce qui se chiffre par plusieurs millions de francs : on les utilise pour la pêche de la Sardine et du Hareng.

Les caractères des Gadidés sont les suivants : ils ont le corps généralement peu allongé et recouvert d'écailles petites et adhérentes. Leur tête est forte, leurs mâchoires sont armées de dents nombreuses et inégales et leur vomer est le plus souvent pourvu de semblables organes. Leurs nageoires dorsales sont au nombre de une à trois; ils ont généralement deux anales, quelquefois il n'y en a qu'une seule. Leurs ventrales sont placées sous les pectorales.

GENRE GADE.

Gadus, Linné.

Corps généralement peu allongé, peu comprimé et recouvert d'écailles petites, adhérentes et molles.

Tête dépourvue d'écailles. Mâchoires et vomer armés de dents d'inégale grandeur, en général petites et sur plusieurs rangées.

Ouvertures des ouïes larges; rayons branchiostéges au nombre de sept.

Trois nageoires dorsales, deux nageoires anales. Cœcums pyloriques nombreux.

Vessie natatoire grande.

Pl. 14 et 15. — MORUE VULGAIRE.

Gadus morrhua... Lin., *Syst. Nat.*, t. I, p. 436. — Bloch, *Deut. Fisch.*, t. II, p. 145, pl. 64. — Id., *Schn.*, p. 7. — Lacép., t. II, p. 369. — Turt., *Brit. Faun.*, p. 89. — Bonap., *Cat. poiss. Europ.*, p. 45. — Cuv., *Règne anim.*, t. II, p. 331. — Id., *Règne anim.*, ill., pl. 106, fig. 1. — Gunth., *Cat. fish.*, t. IV, p, 328.
Morrhua vulgaris. Flem., *Brit. An.*, p. 191. — Yarr., *Brit. fish.*, 2ᵉ édit., t. II, p. 221.
Gadus callarias... (Jun.) Lin., *Syst. nat.*, t. I, p. 436. — Bloch, t. II, p. 109, pl. 63. — Id., *Schn.*, p. 6. — Lacép., t. II, p. 409.

Thorshur, Islande. — *Ekal Luakoouk*, Groënland. — *Kabelja, Torsk*, Suède. — *Skrey, Waarstorsk*, Norwége. — *Codfish, Common Cod, Keeling*, Angleterre. — *Cabeljau, Dorsch*, Allemagne. — *Malkaja treska*, Russie. — *Kablion*, Pologne. — *Bacolao*, Espagne. — *Bacalhao*, Portugal.

La Morue est un poisson très-abondant dans tout l'hémisphère boréal; elle fréquente surtout l'espace compris entre le 40ᵉ et le 66ᵉ degré latitude. Sa pêche se fait en grand sur les côtes de Norwége, de Suède, de Danemark, de Russie et d'Allemagne, de Hollande, d'Angleterre et de France, mais principalement en Islande et au banc de Terre-Neuve. Les poissons de cette espèce, dont la taille est assez considérable et dont la chair, lorsqu'elle est fraîche, est très-délicate, constituent l'une des plus puissantes ressources pour l'alimentation et donnent lieu à un commerce très-étendu.

La Morue a le corps allongé, fusiforme et recouvert d'écailles relativement petites. La tête est forte et comprimée; l'œil assez grand, est voilé par une membrane transparente; la bouche, largement fendue, a sa mâchoire inférieure plus courte que la supérieure; toutes deux sont garnies de petites dents disposées par bandes. On remarque de semblables organes sur le vomer, mais les palatins en sont dépourvus. Le maxillaire inférieur porte à sa symphyse un long barbillon.

L'ouverture des ouïes est très-large; l'opercule a son bord libre uni; les rayons branchiostéges sont au nombre de sept.

La ligne latérale, qui part de la partie supérieure et postérieure de l'opercule, décrit d'abord une courbure à convexité dorsale; elle se rapproche ensuite du ventre et devient rectiligne dans le tiers postérieur du corps.

Les nageoires dorsales sont au nombre de trois. La première naît sur le prolongement d'une verticale qui passerait par le bord postérieur de l'insertion des pectorales; elle est formée de treize rayons. La seconde dorsale naît au-dessus et un peu en avant de la première anale; elle a de seize à dix-neuf rayons. La troisième nageoire du dos est exactement opposée à la seconde anale, elle compte de dix-sept à dix-neuf rayons. De ces trois nageoires la médiane est la plus développée.

Les pectorales, de moyenne grandeur, ont vingt rayons. Les ventrales, placées sous la gorge, sont petites, allongées, et formées de six rayons.

La première anale, qui est la plus développée, a dix-huit ou dix-neuf rayons; la seconde n'en a que dix-sept ou dix-huit. Enfin la caudale, à bord postérieur presque vertical, et bien développée, a vingt-six rayons.

L'estomac de la Morue est grand et ses cœcums pyloriques branchus, sont très-nombreux.

La vessie natatoire est bien développée. Le foie est volumineux.

La Morue a les parties supérieures de la tête et du corps d'un gris tacheté de brun rougeâtre; les flancs sont plus clairs, le ventre est blanc. La ligne latérale apparaît sous la forme d'une bandelette blanchâtre. Les nageoires dorsales et caudale sont de couleur foncée et légèrement tachées de jaune; les pectorales sont jaunâtres, les ventrales et les anales grises.

La taille ordinaire de ce poisson est de un mètre, on en prend pourtant de beaucoup plus grands; son poids moyen est de 15 à 20 livres.

La Morue est très-vorace; elle se nourrit de poissons, surtout de Harengs, de Mollusques et de Crustacés. Elle se rapproche des côtes pour frayer au commencement du printemps, et suit ordinairement le Hareng, poisson qui pond à la même époque qu'elle.

On pêchait déjà la morue à la fin du ixe siècle, mais cette pêche ne devint réellement importante qu'au xvie siècle, époque à laquelle on découvrit Terre-Neuve. En 1578 il se trouvait réuni autour de ce banc, 150 vaisseaux français, 100 espagnols, 50 portugais et 30 navires anglais.

Pendant le xviie et le xviiie siècle, tous les peuples de l'Europe s'adonnèrent avec le plus grand zèle à la pêche de la morue, et c'est aussi à cette époque que le commerce de ce poisson fit les plus grands progrès. On étudia avec soin les époques les plus favorables pour s'en emparer et on perfectionna les engins destinés à la pêche de ce précieux poisson.

Outre le banc de Terre-Neuve qui en fournit des quantités prodigieuses, la Norwége livre chaque année à la consommation de vingt à vingt-cinq millions de morues à la pêche desquelles sont employés 5,500 bateaux, montés par 21,000 hommes. L'Angleterre emploie 30,000 marins et 2,000 navires, l'Amérique 45,000 hommes et 3,000 navires. La France fournit actuellement 506 bâtiments montés par près de 17,000 hommes, et le revenu pour 1871 a été de 14,093,375 fr.

La Morue se pêche avec des filets qui ont, en général, de 40 à 50 mètres de longueur sur 2 mètres de hauteur. La tessure est ordinairement formée de seize à vingt filets. Mais on prend le plus ordinairement le poisson à la ligne de fond, amorcée de morceaux de Hareng ou de Maquereau; un pêcheur habile peut en prendre dans une journée plusieurs centaines. La ligne employée porte ordinairement deux hame-

çons, on l'appelle ligne ramée, quelquefois elle n'en a qu'un seul ;
sa longueur est de 60 à 80 brasses. La Morue subit différentes préparations ; on la sale, on la sèche et on la fume. Qu'elle soit salée,
fumée ou séchée, livrée au commerce, elle porte le nom de Morue
marchande. La Morue blanche est une qualité supérieure de la morue
salée ; le poisson qu'on a mis dans un excès de sel se couvre d'une
efflorescence blanche. La Morue grise, qu'on nomme aussi, Morue
noire, Morue pinée, Morue charbonnée, Morue brumée, suivant que sa
couleur est plus ou moins foncée, est une Morue salée de seconde
qualité. La Morue Gaffet est la Morue salée de forte dimension ; on
nomme, au contraire, Morue Fourillon, la Morue salée de très-médiocre
qualité.

Lorsque la Morue est simplement séchée, on lui donne aussi dans
le nord de l'Europe des noms particuliers : on la nomme Stock fisch, ou
poisson en bâton, lorsqu'elle a été simplement desséchée et fumée ; le
Rond fish ou Poisson rond est la Morue ouverte et séchée à l'air libre,
en la pendant à des perches. On nomme Clippfish le poisson séché à
l'air en l'étendant sur les rochers, qu'il ait été préalablement salé ou
non salé. Le Flackfish, n'est autre chose que la Morue fendue et séchée
à plat.

Indépendamment de son importance alimentaire, la Morue est
aussi un poisson fort précieux à cause de l'huile qu'on retire de son
foie et qui est devenue une des plus précieuses ressources de la thérapeutique. Cette huile renferme, en effet, outre l'acide oléique, la mar-
garine, la glycérine, une quantité notable d'iode.

On distingue dans le commerce plusieurs sortes d'huiles : la Vierge,
l'Ambrée, la blonde, la brune et la noire. L'huile blanche ou vierge est
celle qui a subi une certaine épuration ; l'huile blonde est la première qui
passe, lorsque l'on soumet au filtrage le foie des Morues. L'huile brune ou
l'huile noire sont celles que l'on obient à la fin de l'opération du pres-
sage et qui entraînent avec elles une certaine quantité de sang et de
bile. Ce sont ces dernières qualités qu'il faut recommander surtout aux
malades et qui ont plus d'activité que les autres.

Les Morues fournissent, en outre, une assez grande quantité
d'œufs, qui sont livrés au commerce sur les côtes de l'Europe, surtout
sur celles de France, et qui servent d'appât pour la pêche de la Sardine.

Les Morues que l'on prend sur les côtes du Groënland, d'Islande et d'Écosse, ont une coloration plus foncée que celles qui viennent de Terre-Neuve ou des autres localités.

Pl. 16. — EGLEFIN.

Gadus æglefinus ..... Lin., *Syst. Nat.*, p. 435. — Bloch, *Fisch. Deuts.*, t. II, p. 188, pl. 62. — Id., *Sch.*, p. 6. — Lacép., t. II, p. 397. — Nilss, *Skand. Faun.*, t. IV, p. 550. — Cuv., *Règ. anim.*, t. II, p. 333. — Günth., *Cat. fish.*, t. IV, p. 332.
Merrhua æglefinus ... Yarr., *Brit. fish.*, 3ᵉ édit., t. I, p. 536.
Merlangus æglefinus. Bonap., *Cat. poiss. Eur.*, p. 45.

Haddock, Angleterre. — *Schellfisch*, Allemagne. — *Schelvisch*, Hollande. — *Kolja, Kalli*, Suède. — *Kolje*, Norwége.

Ce Gade se pêche dans les parties froides de l'océan Atlantique, depuis les côtes nord de l'Amérique jusqu'au Spitzberg, il se prend aussi dans la mer du Nord et dans la Manche ; il est surtout très-commun sur les côtes d'Angleterre et sur celles des Pays-Bas. Il fait son apparition dans ces parages au mois d'octobre pour ne les quitter qu'au commencement de décembre. Il est assez abondant sur les marchés, et sa chair est tenue en haute estime. Fréquentant le voisinage des rochers, sa nourriture consiste en petits poissons, tels que jeunes Colins (*Gadus carbonarius*), et jeunes Harengs. On trouve aussi dans son estomac des Mollusques, principalement des Natices, des Moules, etc., et des débris de Crustacés.

Sa pêche se fait, comme celle de la Morue, à la *ligne de fond* ou à la *ligne à main*, amorcées avec des morceaux de poisson ; on le prend aussi au filet.

Il porte sur nos côtes, où il est assez rare, les noms : d'*Églefin*, d'*Égrefin*, d'*Aigrefin* et d'*Anon*, et lorsqu'il est salé on le nomme *Hadou*.

Ses caractères sont les suivants :

Corps allongé, comprimé, assez haut dans son tiers antérieur et allant en diminuant graduellement jusqu'à sa partie postérieure. Les écailles qui le recouvrent sont très-petites. La tête, forte, est comprimée supérieurement et s'abaisse progressivement jusqu'à l'extrémité du museau, qui est assez allongé. La bouche est petite ; la mâchoire supérieure dépasse l'inférieure, et toutes deux sont armées de dents fines, nombreuses, et disposées sur une bande assez large, en haut, plus étroite sur le maxillaire inférieur. Il y a de semblables dents sur la portion antérieure du vomer. Quant à son barbillon il est peu développé.

La première dorsale, assez élevée, est triangulaire; elle a quinze rayons, la seconde en a vingt et un, la troisième de dix-neuf à vingt et un. Les pectorales, légèrement pointues, ont dix-huit rayons; les ventrales, dont le premier rayon est très-allongé, n'en ont que six. Les deux anales, opposées aux deux dernières dorsales, ont, la première, vingt-quatre ou vingt-cinq rayons, la seconde, vingt et un ou vingt-deux. La caudale, à peine échancrée à son bord postérieur, est formée de vingt-cinq rayons.

L'Aiglefin a les parties supérieures de la tête, les joues, le dos et le haut des flancs d'un brun plus ou moins foncé; son ventre est blanc; sa ligne latérale apparaît sous la forme d'une longue traînée noirâtre. On voit au niveau de la première dorsale, en arrière de la pectorale, et sous la ligne latérale, une large tache noire. Les nageoires dorsales et caudales sont d'un brun bleuâtre ou violacé; les pectorales, les ventrales et l'anale sont plus claires.

Pl. 17. — MERLAN.

Gadus merlangus. . Lin., *Syst. Nat.*, t. I, p. 438. — Bloch, *Fisch. Deuts.*, t. II,
p. 161, pl. 65. — Id., *Sch. syst.*, t. II, p. 36. — Cuv., *Règne
anim.*, ill., pl. 106, fig. 2. — Gunth., *Cat. fish.*, t. IV, p. 334.
Merlangus vulgaris. Flem., *Brit. An.*, p. 195. — Yarr., *Brit.*, *fish.* 3⁰ édit., t. I,
p. 548. — Bonap., *Cat. poiss. Eur.*, p. 45.

Whiting, Angleterre. — *Qvitling*, Norwége. — *Hvilling*, Suède. —
Witting, *Wijting*, Pays-Bas. — *Wittling*, Allemagne. — *Sancta*,
Espagne.

Le Merlan, un des poissons les plus connus, est très-estimé pour la délicatesse de sa chair, qui, peu nourrissante et ne contenant qu'une faible proportion de matière grasse, convient aux estomacs délicats et doit être recommandée aux convalescents.

Ce poisson est très-abondant sur toutes les côtes de l'Océan, et se tient de préférence sur les bancs qui avoisinent les terres. On le pêche à la ligne depuis le mois de septembre jusqu'au mois de décembre; on le prend aussi dans le *Chalut,* sorte de filet traînant. Sa nourriture consiste en petits poissons, Crustacés et Mollusques. Sa taille ordinaire est de 20 à 30 centimètres ; il y en a pourtant de plus grands.

Le Merlan a le corps proportionnellement plus long que celui de la Morue ; sa tête est allongée, son museau conique, sa bouche largement fendue et sa mâchoire supérieure plus longue que l'inférieure.

Les dents de la mâchoire supérieure sont fortes, disposées sur une seule rangée en avant, sur plusieurs rangs latéralement ; le maxillaire inférieur n'a qu'une seule rangée de dents. On remarque quelques-uns de ces organes sur le vomer ; la langue est lisse. L'œil est assez grand, son iris est argenté et sa pupille bleue.

Tout le corps du poisson est recouvert d'écailles, petites, minces, ovalaires et peu adhérentes.

La ligne latérale, d'abord rapprochée du dos, s'infléchit ensuite et se dirige horizontalement dans toute la région postérieure du corps.

La formule des rayons des nageoires est la suivante :

D. 14. — 23. — 21. — P. 19. — V. 6. — A. 33 à 35. — 22 à 24. — C. 30.

Les parties supérieures du corps de ce poisson sont d'un gris roussâtre plus ou moins pâle. Les flancs sont plus clairs, le ventre est argenté. Les nageoires dorsales, pectorales et caudale sont d'un brun pâle ; les ventrales et les anales sont blanchâtres. On remarque en outre, au-dessus de l'insertion des pectorales, une tache noirâtre.

Le Merlan fraye pendant les mois d'hiver.

Pl. 18. — CAPELAN.

Gadus minutus..... Lin., *Syst. Nat.*, t. I, p. 438. — Nilss., *Skand. Faun.*, p. 319. — Bloch, *Schn.*, p. 7. — Bonap., *Cat. poiss. Eur.*, p. 45. — Gunth., *Cat. fish.*, t. IV, p. 335.
Cadus capelanus.... Lacép., t. II, p. 411. — Risso, *Ichth. Nice*, p. 111.
Morrhua capelanus. Risso, *Europ. mérid.*, t. III, p. 226.
Morrhua minuta.... Yarr., *Brit. fish.*, 3ᵉ édit., t. I, p. 544.

Power, Angleterre. — *Ulfs-Skreppe*, Norwége. — *Jœgerchen, Zwergdorsch*, Allemagne. — *Mollo*, Italie. — *Munkana*, Malte.

Ce Gade, dont la taille dépasse rarement 6 à 7 pouces en longueur, se prend sur toutes les côtes de l'Europe. Il fréquente les fonds semés de roche, et quoique sa chair soit assez délicate, il n'est généralement employé que comme appât.

Son corps, allongé et assez élevé dans ses deux tiers antérieurs, est recouvert d'écailles petites et peu adhérentes. Sa tête est courte, son museau obtus, son œil grand, son maxillaire supérieur plus long que l'inférieur.

La première nageoire dorsale naît un peu en arrière d'une perpendiculaire qui passerait par l'insertion des pectorales; elle a douze rayons. La seconde dorsale, dont les premiers rayons sont assez hauts, décroît ensuite rapidement; elle compte vingt et un ou vingt-deux rayons. La troisième dorsale, de moitié moins longue que la seconde, est composée de vingt rayons.

Les pectorales qui sont triangulaires ont quatorze rayons et les ventrales, très-petites, en ont six.

Les nageoires anales sont basses et opposées, l'une à la première dorsale, l'autre à la seconde; elles ont : la première, de vingt-cinq à vingt-neuf rayons; la seconde, vingt et un ou vingt-deux. Enfin la caudale tronquée compte dix-huit rayons.

Les parties supérieures de la tête et du corps de ce Gade sont d'un brun jaunâtre, les joues et les flancs sont plus clairs. Le ventre est blanc. Les pectorales, les dorsales et la caudale sont d'un brun jaunâtre, les ventrales et les anales sont plus claires.

Le Capelan, abondant dans la Méditerranée, se désigne quelquefois, en langue vulgaire, sous le nom d'*Officier*.

Pl. 19. — TACAUD.

Gadus luscus. . Lin., *Sys. Nat.,* t. I, p. 437. — Bonap., *Cat. poiss. Eur.,* p. 45. —
Gunth., *Cat. fish.,* t. IV, p. 335.
Gadus barbatus. Bloch, *Schn.,* p. 7. — Cuv., *Règne anim.,* t. II, p. 332.
Gadus tacaud. . Lacép., t. II, pp. 365, 403.
Morrhua lusca. Flem., *Brit. Ann.,* p. 119. — Yarr., *Brit. fish.,* 3ᵉ édit., t. I, p. 540.

Bib, Pout, Whiting-Pout, Blens, Blinds, Angleterre. — *Steenwitting,*
Steenbolk, Pays-Bas. — *Breite Schelfisch,* Allemagne.

Ce poisson, qui habite les côtes de la Scandinavie et celles des Iles Britanniques, se trouve aussi sur toutes celles de l'ouest de l'Europe, ainsi que dans la mer Méditerranée.

On le nomme souvent *Poule de mer*, *Mollet* ou *Mollé*, *Petite morue fraîche*, *Morue Molle*, *Guileau*, *Tacaud*, *Tacan*, *Gode*, etc. Sa chair est moins estimée que celle des espèces précédentes. Il se nourrit de petits Crustacés et de Mollusques et se tient de préférence sur les fonds semés de roches. On le pêche à la ligne, au filet, et souvent il s'engage dans les *nasses* et les *Bouraques* qui servent à pêcher les Crustacés.

Le Tacaud a le corps allongé, comprimé et beaucoup plus haut que celui de toutes les espèces que nous ayons passé en revue jusqu'ici. La tête est aussi plus courte ; ses yeux sont grands et sa mâchoire inférieure, plus avancée que la supérieure, porte un barbillon assez long.

Les écailles qui recouvrent le corps sont petites et très-adhérentes.

La ligne latérale, d'abord rapprochée du dos, s'infléchit au-dessous de la seconde nageoire dorsale et se dirige ensuite horizontalement dans toute la région caudale.

La première nageoire dorsale, qui est assez haute, a douze rayons ; la seconde en a de vingt à vingt-deux et la troisième dix-neuf ou vingt. Les pectorales sont falciformes et constituées par dix-huit rayons ; les ventrales qui naissent en avant des pectorales, sont longues et grêles, on y compte six rayons. La première nageoire anale est très-longue, ce qui fait que l'anus est reporté très en avant ; ses rayons sont au nombre de vingt-neuf à trente-deux. La seconde anale, qui est contiguë à la première, n'a que dix-neuf ou vingt rayons. Enfin la caudale, coupée presque verticalement, a vingt et un rayons.

Les parties supérieures de la tête et le dos de ce poisson sont d'un brun jaunâtre ; les flancs et les joues sont plus clairs, le ventre est blanchâtre.

On remarque en avant de l'insertion des pectorales une tache noirâtre. Les autres nageoires, excepté les ventrales qui sont blanchâtres, sont d'un brun rougeâtre.

Pl. 20. — POUTASSOU.

Gadus merlangus..... Risso, *Ichth. Nice*, p. 115.
Gadus Poutassou.... Risso, *Europ. mérid.*, t. III, p. 227. — Gunth., *Cat. fish.*,
t. IV, p. 338.
Merlangus albus..... Yarr., *Brit. fish.*, 3ᵉ édit., t. I, p. 551.
Pollachius Poutassou. Bonap., *Cat. poiss. Europ.*, p. 45.

Poutassou, Angleterre. — *Vlaswijting, Mooie meisje*, Pays-Bas.

Ce poisson, qu'on a confondu longtemps avec le Merlan commun, se
pêche sur les côtes d'Europe, que baignent l'Océan, la mer du Nord,
la Manche, ainsi que dans la Méditerranée où il n'est pas très-abondant; cependant Risso nous apprend qu'on le prend en toute saison dans
les eaux de Nice et qu'il fréquente les grands fonds.

Les caractères du Poutassou sont les suivants :

Corps plus allongé et plus grêle que celui du Merlan commun,
museau saillant, bouche largement fendue, mâchoire inférieure dépassant la supérieure, et toutes deux armées de dents fines, proéminentes,
recourbées et espacées les unes des autres. On voit aussi des dents
assez fortes et au nombre de quatre, sur le palais. La langue est lisse;
la mâchoire inférieure est dépourvue de barbillons.

Les yeux sont grands, leur pupille est noire, leur iris argenté.

La ligne latérale, qui est presque droite, est très-rapprochée du
dos. Les écailles qui recouvrent le corps sont petites.

Les nageoires dorsales sont très-espacées l'une de l'autre ; la première a douze rayons, la seconde treize ou quatorze, la troisième
vingt-quatre. Les pectorales bien développées ont vingt rayons, les
ventrales très-petites, six. La première nageoire anale est très-longue
et composée de trente-six rayons environ ; la seconde, un peu plus longue que la troisième dorsale, en a de vingt-deux à vingt-cinq. La caudale, coupée verticalement, est formée de trente-six rayons.

Les rayons branchiostéges sont au nombre de sept.

Le Poutassou a les parties supérieures de la tête et du corps d'un
brun verdâtre; les flancs, plus clairs, ont, ainsi que les parties latérales
de la tête, des reflets jaunâtres; le ventre est blanc d'argent. On remarque au-dessus de l'insertion de la pectorale une large tache de couleur
foncée.

Les nageoires dorsales, pectorales et caudale sont de couleur sombre ; les anales présentent à leur base une bande blanchâtre.

Ce poisson est remarquable par le grand développement de ses pierres auditives ou *Otolithes*.

Pl. 21. — MERLAN JAUNE.

Gadus pollachius..... Lin., *Syst. Nat.*, t. I, p. 439. — Bloch, *Fisch. Deuts.*. t. II, p. 171, pl. 68. — Bloch, *Schn.*, p. 10. — Lacép., t. II, p. 417. — Risso, *Ichth. Nice*, p. 113. — Nilss., *Skand. Faun.*, t. IV, p. 562.—Cuv., *Règne anim.*, t. II, p. 333. — Gunth., *Cat. fish.*, t. IV, p. 338.

Merlangus pollachius. Flem., *Brit. An.*, p. 195. — Yarr., *Brit. fish.*, 3e édit. t. I, p. 559.

Pollac, Veisser, Kohlmaul, Allemagne. — *Lyrbluk*, Suède. — *Lyr, Lisse*, Norwége. — *Pollack, Whiting Pollack*, Angleterre.

Ce poisson, qui est très-commun sur les côtes de Norwége et d'Angleterre, est, au contraire, plus rare sur celles de France. Il porte dans ce dernier pays un assez grand nombre de noms : il se nomme *Lieu* en Bretagne, *Merluverdin* au Havre, *Grelin* à Fécamp, *Luts* à Caen, *Merlu* en Picardie, *Levenegate* chez les Bas-Bretons, *Abadira* chez les Basques.

Ce Gade, dont la chair est blanche et ferme, dépasse rarement la taille de 40 à 50 centimètres ; on le pêche pendant toute l'année sur les côtes de Bretagne. Les engins employés pour sa capture sont : les filets dits *tramaux*, composés de trois nappes, la ligne ordinaire, amorcée avec des Lançons ou des Sardines, et la ligne de fond.

Ses caractères principaux sont les suivants :

Corps allongé et élevé dans sa partie médiane. Tête forte, bouche bien fendue et dépourvue de barbillons, maxillaire inférieur plus long que le supérieur, angle supérieur de l'opercule allongé, ventrales très-petites.

La formule des rayons des nageoires est la suivante :

D. 12. — 19. — 15. — P. 19. — V. 6. — A. 24. — 16. — C. 31.

Le Merlan jaune a les parties supérieures de la tête et du corps d'un brun olivâtre, ses flancs sont argentés et marqués de taches jaunâtres ; son ventre est blanc. Il vit tantôt seul, tantôt par troupes assez nombreuses et fraye en hiver près des côtes.

Pl. 22. — CHARBONNIER.

Gadus virens.......... Lin., *Syst. Nat.*, t. I, p. 438. — Bloch, *Schn.*, p. 6. —
         Gunth., *Cat. fish.*, t. IV, p. 339.
Gadus carbonarius..... Lin., *Syst. Nat.*, t. I, p. 438. — Bloch, *Fisch. Deuts.*, t. II,
         p. 164, pl. 66. — Id., *Schn.*, p. 9.
Merlangus virens....... Yarr., *Brit. fish.*, 3ᵉ édit., t. I, p. 557.
Merlangus carbonarius. Yarr., *Brit. fish.*, 3ᵉ édit., t. I, p. 554.
Pollachius virens...... Bonap., *Cat. poiss. Eur.*, p. 45.

Coalfish, Angleterre. — *Köhler*, Allemagne. — *Koolvisch*, Belgique. —
    Kollemisse, Danemark.

Ce Poisson, que l'on nomme *Morue noire, Poisson charbon, Poisson charbonnier, Grelin* et *Colin*, est abondant dans les parties froides de l'océan Atlantique et dans les mers du nord de l'Europe, il est cependant assez rare dans la Baltique. Sa taille est assez considérable ; elle atteint généralement le double de celle du Merlan, et on en pêche qui mesurent jusqu'à un mètre de long. Sur les côtes de Bretagne et de Normandie, on en fait une pêche assez abondante ; on le prend au filet dans le voisinage des bancs qui bordent la côte. La ponte de ce poisson s'effectue au commencement du printemps.

Le Charbonnier a le corps et la tête allongés ; le museau, pointu, est dépourvu de barbillons ; le maxillaire inférieur est proéminent. Les dents des mâchoires sont cardiformes et disposées sur plusieurs rangées à la mâchoire supérieure.

Les écailles qui recouvrent le corps sont petites et oblongues. La ligne latérale est presque droite.

La formule des rayons de ses nageoires est la suivante :

D. 13. — 20 à 22. — 20. — P. 19. — V. 6. — A. 24 à 27. — 21 à 23. — C. 32.

Le nom de Charbonnier a été donné à ce poisson à cause de la couleur de son corps, qui est généralement assez foncée. Le dos et les parties supérieures de la tête sont en effet d'un vert noirâtre ; les flancs sont un peu plus clairs et ont des reflets dorés ; le ventre est blanc. La ligne latérale apparaît sous la forme d'une traînée blanche ; elle est très-apparente.

Les nageoires dorsales, pectorales et caudale sont d'un noir bleuâtre ;

les ventrales et les anales sont d'un blanc grisâtre plus foncé à leur bord
libre. L'iris de l'œil est blanc, la pupille foncée. Les jeunes sujets sont
de couleur olivâtre.

La chair du Charbonnier est assez ferme et peu estimée ; ce poisson
se sèche et se fume comme la Morue.

GENRE MORA.

Mora, RISSO.

Corps allongé, recouvert, ainsi que les pièces operculaires,
d'écailles assez grandes.

Nageoires dorsales et anales au nombre de deux. Mâchoire
inférieure plus longue que la supérieure et pourvues, toutes
deux, de dents en carde.

Vomer, pharyngiens, palatins et langue pourvus de dents.
Rayons branchiostéges au nombre de sept.

MORO.

Gadus moro............ Risso, *Ichth. Nice,* p. 116.
Mora Mediterranea.... Risso, *Europ. mérid.,* t. III, p. 224. — Bonap., *Faun. Ital.*
      — Id., *Cat. poiss. Europ.,* p. 44. — Gunth., *Cat. fish.*
      t. IV, p. 341.

Verdone, Italie.

Ce poisson, qu'on nomme à Nice, *Moro,* est propre à la Méditerranée ; on le prend quelquefois cependant dans l'océan Atlantique, aux
environs de l'île de Madère. Il fréquente les grands fonds d'eau et ne se
rapproche que rarement des côtes. Sa chair est de mauvais goût.

Ses caractères sont les suivants : Corps en forme d'ovale très-
allongé, courbures dorsales et ventrales également prononcées. Tête,

égale au cinquième de la longueur totale du corps. Museau court et arrondi; bouche largement fendue; mâchoire inférieure plus longue que la supérieure. Dents petites et nombreuses sur les mâchoires, le vomer, les pharyngiens et la langue. Un barbillon grêle au-dessous de la portion symphysaire du maxillaire inférieur. Préopercule et subopercule couverts d'écailles. Celles qui recouvrent le corps et la tête sont assez grandes et de forme polygonale.

Les nageoires dorsales sont au nombre de deux : la première, courte et élevée, est composée de sept rayons; la seconde, séparée d'elle par un petit espace, est longue, sensiblement arquée, peu élevée et formée de quarante-deux rayons. Les pectorales sont composées de dix-huit rayons; les ventrales, petites, sont situées sous la gorge et n'ont que six rayons. La première anale, courte et reportée assez en arrière, a seize rayons; la deuxième, également courte, mais plus élevée, est arrondie à son bord libre et constituée par dix-sept rayons. La caudale, peu fourchue, a trente-neuf rayons.

Le corps de ce poisson est d'un vert transparent à reflets argentés ; cette couleur passe au bleu métallique dans la région ventrale. La première dorsale est noire, la seconde, vert-bleuâtre. Les pectorales et la caudale sont noirâtres, les autres nageoires sont plus claires.

GENRE MERLUS.

Merluccius, CUVIER.

Corps allongé, peu élevé et recouvert de petites écailles.

Tête longue, déprimée. Bouche grande, mâchoires et vomer armés de dents grêles et recourbées.

Pas de barbillons. Rayons branchiostéges au nombre de sept.

Deux nageoires dorsales; une seule nageoire anale.

Pl. 23. — MERLUCHE VULGAIRE.

Gadus merluccius..... Lin., *Syst. Nat.,* t. I, p. 439. — Bloch, *Schn.,* p. 10.
— Lacép., t. II, p. 446. — Brunn., *Pisc. Mass.,* p. 20.
Gadus merlus......... Risso, *Ichth. Nice,* p. 122.
Merluccius vulgaris... Yarr., *Brit. fish.,* 3. édit., t. I., p. 562. — Bonap., *Cat. poiss.*
Eur., p. 44. — Gunth., *Cat. fish.,* t. IV. p. 344.
Merluccius esculentus.. Risso, *Europ. mérid.,* t. III, p. 220.
Merluccius albidus..... Dekay, *Faun. New-York, fish.,* p. 280, pl. 46. fig. 148.

Hake, Angleterre. - *Lyring,* Norwége. — *Stockfisch Kabeljau,* Allemagne.
— *Sztork fisz,* Pologne. — *Merluza,* Espagne. — *Merluzo, Mer-luzzu,* Italie

La Merluche, que l'on prend sur les côtes du nord et de l'ouest de l'Europe, se trouve aussi en grande abondance dans la Méditerranée.

C'est un poisson d'une taille assez grande, et qui peut peser jusqu'à 10 kilogrammes. Sa chair est blanche et d'assez bon goût ; on la mange soit à l'état frais, soit salée ou séchée ; elle ressemble alors à celle de la Morue et se désigne comme ce dernier poisson sous le nom de *Stock-fisch.*

La Merluche porte un assez grand nombre de noms sur nos côtes : on la nomme *Grand merlus* en Bretagne, *Merlan* sur les côtes de Nice, de Provence et de Languedoc, où on la désigne aussi quelquefois sous le nom de *Merlonge.*

La pêche de ce *Gade* est surtout productive en été ; on le prend à la ligne, armorcée avec des *Sardines,* des *Lançons* ou tout autre petit poisson. On se sert également du *Tramail* ou de la *Drague* pour s'en emparer ; mais sur les côtes de Provence on emploie surtout le *Bour-lier,* la *Tartane* et la *Bastude.*

Les caractères de la Merluche sont les suivants :

Corps allongé, peu élevé et recouvert de petites écailles. Tête déprimée, bouche grande, mâchoire inférieure plus longue que la supérieure et armées toutes deux de dents grêles, pointues, d'inégale hauteur et disposées sur une seule rangée. Il y a aussi de ces organes sur le vomer.

OEil de grandeur médiocre, à iris jaune et à pupille noirâtre. Opercule développé. Rayons branchiostéges au nombre de sept.

La ligne latérale de ce poisson part de l'angle postérieur et supérieur de l'opercule; elle décrit une légère courbure dans la région antérieure du corps, puis devient bientôt rectiligne dans tout le reste de son trajet. Elle est très-apparente et présente quelques aspérités à son origine.

La première nageoire dorsale est courte, de forme triangulaire et formée de dix rayons. La seconde, presque contiguë à la première, longue et peu élevée, s'étend sur les deux tiers postérieurs du corps; elle est constituée par un nombre de rayons qui varie de trente-six à trente-neuf.

Les pectorales, assez développées, ont onze rayons; les ventrales, placées en avant de ces dernières nageoires, longues et assez larges, en ont sept. L'anale, opposée à la seconde dorsale et de même longueur qu'elle, a trente-six ou trente-sept rayons. La caudale a vingt rayons.

Le dos et les parties supérieures de la tête de ce poisson sont d'un brun roussâtre; les flancs sont plus clairs et quelquefois jaunâtres; le ventre est blanc. Les nageoires dorsales, les pectorales et la caudale sont de couleur foncée à leur bord libre, plus claires et jaunâtres à leur base; les ventrales et l'anale sont d'un blanc jaunâtre.

Ce poisson habite généralement les eaux profondes.

GENRE URALEPTUS.

Uraleptus, Costa.

Corps allongé, comprimé, peu élevé et recouvert de petites écailles.

Tête assez grande, museau arrondi. Mâchoires armées de dents fortes et recourbées.

Pas de barbillon.

Deux nageoires dorsales; une seule anale.

Rayons branchiostéges au nombre de sept.

URALEPTUS MARALDI.

Gadus maraldi......... Risso, *Ichth. Nice,* p. 6, fig. 123, pl. 13.
Merluccius maraldi..... Risso, *Europ. mérid.*, t. III, 220.
Merluccius attenuatus... Cocco.
Uraleptus maraldi....... Costa, *Faun. Napol.*, p. 37. — Bonap., *Cat. poiss. Europ.*,
                           p. 44. — Gunth., *Cat. fish.*, t. IV., p. 349.

Ce poisson, peu commun sur nos plages méditerranéennes, se prend aussi aux environs de Madère. Il a le corps peu élevé, allongé, comprimé et allant s'amincissant jusque dans la région caudale. Sa tête est grande; sa bouche, large, est fendue obliquement. Le museau est arrondi; les mâchoires, presque égales en longueur, sont armées toutes deux de dents fortes, crochues et espacées les unes des autres. La mâchoire supérieure porte en outre, en dedans de ces organes, une série de dents plus petites. L'œil est grand. L'opercule, peu développé, présente en arrière une petite épine. L'ouverture des ouïes est large, et les rayons branchiostéges sont au nombre de sept.

Ce poisson a deux nageoires dorsales : la première, un peu plus élevée que longue, a neuf ou dix rayons; la seconde, qui lui est contiguë, est très-allongée et on y en compte cinquante-six ou cinquante-huit, quelquefois même soixante. Les derniers rayons de cette nageoire sont les plus élevés.

Les pectorales ont vingt rayons : les ventrales, dont le premier rayon a la forme d'un long filament, en ont en tout six; l'anale en a cinquante-huit, et la caudale, qui est arrondie à son bord libre, quatorze.

Les parties supérieures du corps de ce poisson sont d'un brun rougeâtre plus ou moins sombre; les flancs sont plus clairs, le ventre présente une coloration foncée. Les nageoires, à l'exception des pectorales, qui sont de couleur claire, sont noirâtres.

La longueur du corps de l'Uraleptus est généralement de 20 centimètres. Comme les autres Gades, il aime les eaux profondes.

GENRE PHYCIS.

Phycis, Artédi.

Corps peu allongé et recouvert de petites écailles.

Tête grosse, mâchoires et vomer armés de dents petites et nombreuses. Un barbillon au maxillaire inférieur

Rayons branchiostéges au nombre de sept.

Deux nageoires dorsales ; une seule anale ; ventrales réduites à un seul rayon souvent fourchu à son extrémité.

Pl. 24. — MERLUS BARBU.

Gadus blennoïdes........ Brun., *Icht. Mass.*, p. 24.
Gadus bifurcatus........ Lin., Gm., t. I, p. 1171.
Phycis tinca............ Bloch, *Schn.*, p. 56, pl. 11.
Phycis blennoïdes........ Bloch, *Schn.*, p. 56. — Risso, *Eur. mérid.*, t. III, p. 222. — Cuv. *Règn. anim.*, t. II, p. 335. — Gunth., *Cat. fish.*, t. IV, p. 352.
Blennius gadoïdes....... Risso, *Ichth. Nice*, p. 136.
Phycis furcatus......... Flemm., *Brit. Anim.*, p. 193. — Yarr., *Brit. fish.*, 2ᵉ édit., t. II, p. 289.

Forked Hake, Greater forked Beard, Angleterre.

Le Merlus barbu, assez rare dans l'Océan, est, au contraire, commun dans la Méditerranée, et Risso nous apprend qu'il se pêche en assez grande abondance, pendant toute l'année, aux environs de Nice. Ce Gade parvient à une taille assez forte et sa chair passe pour être très-délicate. Les pêcheurs de Nice le nomment *Moustello blanco*.

Le corps de ce poisson, comprimé latéralement, va en diminuant progressivement de hauteur ; il est recouvert de petites écailles. Sa tête est courte, aplatie supérieurement et écailleuse. Son museau est arrondi, sa bouche large, et sa lèvre inférieure munie d'un barbillon court et grêle.

Les deux mâchoires, sensiblement égales, sont armées de dents fines et nombreuses, disposées sur une bande. On retrouve également de ces organes sur le vomer.

L'ouverture des ouïes est assez large et les rayons branchiostéges sont au nombre de sept.

La ligne latérale, d'abord très-rapprochée du dos, s'infléchit ensuite et se place, dans ses deux tiers postérieurs, presque au milieu du corps.

Les nageoires dorsales sont au nombre de deux. La première, courte et triangulaire, a ses deux premiers rayons assez longs, elle en a en tout neuf ou dix. La seconde dorsale, moins haute, mais très-longue, a de soixante à soixante-deux rayons.

Les pectorales, relativement peu développées, sont constituées par douze rayons. Les ventrales, insérées en avant de ces dernières, consistent en un seul rayon très-allongé et divisé en deux parties à son extrémité. L'anale, moins longue que la seconde dorsale, mais de même forme que cette nageoire, a cinquante-quatre rayons; la caudale, grêle et arrondie, en a cinquante-six.

Le corps du Merlus barbu est d'un brun noirâtre plus foncé sur le dos, plus clair sur les flancs et dans la région ventrale. Les nageoires, à l'exception des ventrales qui sont blanches, présentent une semblable coloration.

TANCHE DE MER.

Tinca marina.. .... Salvian, p. 232, fig. 93. — Aldrovand, t. III, chap. ix, p. 192.
Blennius phycis............ Lin., *Syst. Nat.*, t. I, p. 442. — Brunn., *Icht. Mass.*, p. 28. — Delaroche, *Ann. Mus.*, t. XIV, p. 280.
Phycis Mediterranea........ Delaroche, *Ann. Mus.*, t. XIII, p. 232. — Risso, *Eur. mérid.*, t. III, p. 522. — Cuv., *Règn. Anim.*, t. II, p. 335. — Gunth., *Cat. fish*, t. IV, p. 354.
Phycis limbatus .... Valenc., in Webb. et Berth., *Poiss. Il. Canar.*, p. 78, pl. XIV, fig. 2.

Cette seconde espèce de Phycis, que l'on nomme sur nos côtes *Molle* ou *Tanche de mer*, se prend dans la Méditerranée, et dans l'Océan, aux environs de Madère. Elle diffère de la précédente par la forme de sa première nageoire dorsale, qui, au lieu d'être triangulaire et d'avoir ses deux premiers rayons allongés, est au contraire arrondie et sensiblement égale en hauteur à la seconde dorsale. Les rayons de ses ventrales sont en outre beaucoup plus courts et les dents qui arment sa mâchoire inférieure sont d'inégale grandeur.

Quant aux couleurs de ce poisson, elles sont à peu près les mêmes que celles du précédent.

GENRE MOLVE.

Molva, NILSSON.

Corps très-allongé, peu élevé et recouvert d'écailles très-petites et adhérentes.

Tête forte et déprimée dans sa région supérieure. Mâchoires inégales et armées de dents disposées sur une bande; ces organes sont plus fortes au maxillaire inférieur, ainsi qu'au vomer.

Deux nageoires dorsales. Une anale très-longue.

Lèvre inférieure pourvue d'un barbillon.

Pl. 25. — MOLVE VULGAIRE.

Gadus molva...... Lin., *Syst. Nat.*, t. I., p. 439. — Bloch, *Fish. Deutsc.*, t. II, p. 176, pl. 69. — Lacép., t. II, p. 432.
Encheliopus molva. Bloch, *Sch.*, p. 51.
Lota molva....... Yarrel, *Brit. fish.*, 2ᵉ éd., t. II, p. 264. — Bonap., *Cat. poiss. Eur.*, p. 44.
Molva vulgaris... Flem. *Brit. An.*, p. 192. — Nilss. *Faun. Skand.*, t. IV, p. 673. — Gunth., *Cat. fish.*, t. IV, p. 361.

Ling, Angleterre. — *Leng*, Allemagne.

La Molve vulgaire, que l'on nomme aussi *Morue longue*, ou *Lingue*, se pêche dans la mer du Nord, la Baltique, la Manche et dans l'océan Atlantique jusqu'au golfe de Gascogne. Elle est très-abondante vers le nord, plus rare à mesure que l'on descend les côtes occidentales de la

France; il n'est pas rare de prendre de ces poissons qui mesurent 1 mètre ou 1 mètre 50 centimètres en longueur.

La chair de ce Gade est blanche et délicate; elle se conserve plus longtemps que celle de la Morue, lorsqu'elle a été salée, et donne lieu à un commerce assez important. On prend de ces poissons pendant toute l'année, et les procédés employés pour leur pêche sont les mêmes que ceux dont on se sert pour celle de la Morue.

La Lingue a le corps très-long, arrondi et peu élevé. Sa tête est forte, aplatie dans sa région frontale et son museau proéminent; le maxillaire inférieur, plus court que le supérieur, porte un barbillon assez long à sa symphyse. Les mâchoires sont armées de dents nombreuses et fines, disposées par bandes; celles du maxillaire inférieur ainsi que celles qui arment le vomer sont les plus fortes. Les yeux sont de grandeur moyenne et protégés par une membrane transparente; leur iris est jaune d'or.

Les écailles qui recouvrent le corps sont petites et très-adhérentes. La ligne latérale est peu apparente et presque droite.

Les nageoires dorsales sont au nombre de deux. La première, courte et peu élevée, est formée de treize à seize rayons; la seconde, beaucoup plus longue, en a de soixante-quatre à soixante-dix; ils ont sensiblement la même hauteur, mais vont cependant en augmentant dans le tiers postérieur de la nageoire. Les pectorales, peu développées, ont quinze rayons; les ventrales en ont six; l'anale très-longue soixante-six; enfin la caudale, qui est arrondie à son bord libre, en a trente-neuf.

Le dos de ce poisson, les parties supérieures de sa tête et ses flancs sont d'un gris olivâtre; le ventre est argenté. Les nageoires dorsales, anales et caudale, de même couleur que le dos, sont bordées de blanc; la caudale seule porte une bande noire à sa base. Les pectorales et les ventrales sont d'un blanc jaunâtre.

MOLVE ALLONGÉE.

Lotta elongata.... Risso, *Eur. mérid.*, t. III, p. 217, fig, 47. — Costa, *Faun. Napol.*, p. 38. — Bonap., *Cat. poiss. Eur.*, p. 44.
Molva elongata... Nilss., *Skand. Faun.*, t. IV, p. 579. — Gunth., *Cat. fish.*, p. 362.

Cette Molve, qui se trouve dans la Méditerranée, a été décrite par Risso, dans sa faune de l'Europe méridionale, et par Costa, dans celle de Naples. Elle diffère de la première espèce par la forme de son maxillaire inférieur qui est plus allongé que le supérieur, par des ventrales et une anale plus développées. Les dents qui arment la mâchoire inférieure et le vomer sont aussi plus fortes.

GENRE MOTELLE.

Motella, CUVIER.

Corps allongé et recouvert d'écailles très-petites.

Tête forte, déprimée dans sa région supérieure.

Mâchoires armées de dents d'inégale grandeur. De semblables organes sur le vomer.

Deux nageoires dorsales; la première est composée de rayons extrêmement délicats.

Une nageoire anale.

Pl. 26. — MOTELLE VULGAIRE.

Mustela vulgaris............ Rondel., t. IX, ch. xv, p. 281. — Gesner, p. 89. —
                                     Willugh., p. 121, pl. H. 4, fig. 4.
Gadus tricirratus .... Bloch, pl. 165. — Flem., *Brit. An.*, p. 193.
Enchelyopus mediterraneus... Bloch, *Schn.*, p. 52.
Motella vulgaris............ Cuv., *Règn. anim.*, t. II, p. 334. — Yarr., *Brit. Zool.*
                                   3ᵉ édit., p. 575.
Gadus mustella.............. Risso, *Europ. mérid.*, t. III, p. 215.
Motella tricirrata.......... Nilss., *Skand. Faun.*, t. IV, p. 586. — Bonap., *Cat.*
                                   poiss. Eur., p. 43. — Gunth., *Cat. fish.*, t. IV,
                                   p. 365.

Three-bearded Rockling, Sea-Loche, Whistle-Fish, Angleterre. — *Meerquappe,* Allemagne. — *Mustela,* Italie.

La Motelle vulgaire, que l'on prend dans l'Océan, la Manche et la Méditerranée, est un poisson remarquable par sa forme et ses couleurs. Elle est commune sur nos côtes, surtout sur celles du midi de la France; en Languedoc on la nomme *Moustèla*. Fréquentant le voisinage des côtes, elle recherche de préférence les fonds semés de roches. Elle mord facilement à la ligne, on la pêche aussi au filet. Sa chair est peu estimée et se décompose rapidement; sa nourriture consiste en pet ts crustacés et jeunes poissons.

Les caractères de ce poisson sont les suivants :

Corps cylindrique, allongé, et recouvert d'écailles extrêmement petites. Tête forte et déprimée dans sa région supérieure, renflée latéralement. Museau obtus, arrondi et pourvu de trois barbillons, dont deux sont p acés dans le voisinage des narines, le troisième au-dessous du menton.

Bouche largement fendue; mâchoires sensiblement égales et armées d'une bande de dents pointues; il y en a également au vomer.

Les yeux sont de grandeur moyenne, leur iris est jaune et leur pupille noirâtre.

Les nageoires dorsales sont au nombre de deux. La première, formée de rayons grêles et soutenus par une membrane découpée, peut se cacher dans une rainure creusée de chaque côté de sa base. La seconde, contiguë à a première, est plus élevée et normalement constituée; elle a de cinquante-cinq à-soixante rayons. Les pectorales sont larges et formées de vingt rayons ; les ventrales, étroites, en ont en tout sept; leurs deux premiers rayons sont très-allongés. L'anale, moins longue que la dorsale, a cinquante rayons, et la caudale, qui est arrondie, en a dix-huit.

Les parties supérieures de la tête et du corps de ce poisson sont d'un beau brun rouge orangé; les flancs et le ventre sont plus clairs. On remarque sur le sommet de la tête, le long du dos et sur les nageoires dorsales, pectorales et caudale, qui ont la même couleur que les parties supérieures du corps, des marbrures plus foncées. Les autres nageoires sont plus claires et dépourvues de taches.

Les jeunes de cette espèce sont d'une couleur uniforme.

Ce poisson a le plus souvent 50 ou 60 centimètres de longueur.

Risso signale, comme se prenant sur les côtes de Nice, une autre Motelle à laquelle il donne le nom d'*Onos maculata*. Ce poisson, dont M. Gunther fait une espèce sous le nom de *Motella maculata,* ne nous semble être qu'une variété de la Motelle vulgaire.

Pl. 27, fig. 1. — MOTELLE A CINQ BARBILLONS.

Gadus mustella........ Lin., *Syst. Nat.*, t. I, p. 440.— Flem., *Brit. An.*, p. 193.
Motella quinque-cirrata. Cuv., *Règn. Anim.*, t. II, p. 334. —Yarr., *Brit. fish.*, 2ᵉ éd.,
t. II, p. 278.
Motella mustela........ Nilss., *Skand. Faun.*, t. IV, p. 589. — Bonap., *Cat. poiss.
Eur.*, p. 43. — Gunth., *Cat. fish.*, t. IV, p. 364.

Five-bearded Rockling, Angleterre.

Cette Motelle se trouve dans l'Océan, la Manche et la mer du Nord. Elle a les mêmes habitudes que l'espèce précédente, mais sa chair passe pour être plus délicate. Elle mord difficilement à la ligne et on ne la prend guère qu'au filet.

Son corps, plus allongé que celui de la Motelle vulgaire, est aussi plus comprimé. Sa tête est aplatie supérieurement; sa bouche petite; ses mâchoires, sensiblement égales, sont armées, ainsi que le vomer, de dents fines et nombreuses.

Les barbillons sont au nombre de cinq : deux sont placés de chaque côté des narines, deux autres près de la pointe du museau et au-dessus de la lèvre supérieure; le cinquième est situé sur le milieu de la lèvre inférieure.

Les yeux sont petits. La ligne latérale est assez apparente.

La première dorsale est formée de rayons petits et grêles; la seconde, longue et peu élevée, en a cinquante et un. Les pectorales en ont quatorze; les ventrales sept; l'anale quarante et un, et la caudale vingt.

Les parties supérieures de la tête, le dos et les flancs, au-dessus de la ligne latérale, sont de couleur brune; les parties inférieures du corps sont foncées. Les nageoires, à l'exception des ventrales qui sont blanchâtres, sont d'un brun sombre.

Cette espèce est de petite taille; son corps mesure généralement 20 centimètres en longueur.

Pl. 27, fig. 2. — MOTELLE A QUATRE BARBILLONS.

Gadus cimbrius........ Lin. *Syst. Nat.*, t. I, p. 440. — Lacép., t. II, p. 442.
Enchelyopus cimbrius... Bloch, *Schn.*, p. 22, pl. 2.
Motella cimbrica....... Nilss., *Skand. Faun.*, t. IV, p. 587. — Bonap., *Cat. poiss.*
                         Eur., p. 44. — Yarr., *Brit. fish.*, 3ᵉ éd., t. I, p. 579.
Motella Cimbria........ Gunth., *Cat. fish.*, t. IV, p. 367.

Four-bearded Rockling, Angleterre.

Cette espèce, qui habite les côtes du nord de l'Europe, diffère principalement de la précédente par le nombre de ses barbillons, qui n'est
que de quatre, par la longueur du rayon antérieur de sa première dorsale, par le moindre allongement de ses nageoires ventrales et par la
couleur de ses nageoires dorsales et anale, qui sont d'un brun foncé et
bordées de blanc.

Cette Motelle parvient à la taille de 30 à 40 centimètres.

GENRE RANICEPS.

Raniceps, Cuvier.

Corps oblong, large en avant, un peu comprimé postérieurement et recouvert d'écailles très-petites.   .

Tête forte et déprimée. Museau arrondi; bouche largement
fendue et armée sur ses mâchoires, ainsi que sur le vomer, de
dents en carde d'inégale grandeur.

Deux nageoires dorsales dont la première très-basse; une
seule nageoire anale. Premiers rayons des ventrales très-longs.

Rayons branchiostéges au nombre de sept.

Pas d'appendices pyloriques.

Pl. 28. — RANICÉPS VULGAIRE.

Blennius raninus........ Lin., *Syst. Nat.*, p. 258.
Gadus raninus.......... Müll., *Zool. Dan.*, pl. 45.
Phycis fusca............ Bloch, *Schn.*, p. 57.
Batracoïdes blennioïdes.. Lacép., t. II, p. 484.
Raniceps trifurcatus..... Flem., *Brit. An.*, p. 194. — Yarr, *Brit. fish.*, 3ᵉ édit.,
            t. I, p. 598.
Raniceps niger.......... Nilss., *Faun. Skand.*, p. 594.
Raniceps fuscus.......... Bonap., *Cat. poiss. Eur.*, p. 66. — White, *Cat. Brit.*
            fish., p. 96.
Raniceps trifurcus....... Gunth., *Cat. fish.*, t. IV, p. 368.

Trifurcated Hake, Trifurcated Tadpole-fish, Angleterre.

Ce poisson, qui se prend sur les côtes du nord de l'Europe, fréquente les endroits peu profonds ; il se nourrit de petits poissons et de mollusques. Son corps, comme son nom l'indique, rappelle assez bien la forme de certains batraciens, et en particulier celle du têtard. Sa tête est très-large et aplatie, son museau arrondi. La bouche est bien fendue, et la lèvre inférieure pourvue d'un petit barbillon conique. Les mâchoires et le vomer sont armés de dents en carde, parmi lesquelles il s'en remarque d'un peu plus fortes que les autres. Les rayons branchiostéges sont au nombre de sept. Les yeux sont grands, proéminents et placés en avant de la tête. Quant aux écailles qui recouvrent le corps, elles sont très-petites et très-adhérentes.

La première nageoire dorsale, qui est peu développée, se termine par un rayon un peu plus long que les autres; elle en a en tout trois. La seconde dorsale est très-longue, ses rayons ont sensiblement la même hauteur et on y en compte de soixante à soixante-six.

Les pectorales sont larges et oblongues, elles ont vingt-trois rayons. Les ventrales, petites, ont leurs deux premiers rayons très-effilés à leur extrémité, les quatre autres sont très-courts. L'anale est longue, ses rayons sont au nombre de soixante. La caudale, qui est peu développée, a son bord postérieur convexe; ses rayons sont au nombre de trente-six.

Ce poisson a les parties supérieures du corps d'un brun très-foncé, ou quelquefois presque noires; ses flancs et son ventre sont aussi de couleur brune, mais elle est plus claire. Les nageoires ont la même coloration que le corps.

La chair de ce poisson est peu recherchée et de mauvais goût; elle se décompose rapidement.

GENRE BROSME.

Brosmius, CUVIER.

Corps assez allongé et recouvert de très-petites écailles.
Mâchoires et vomer armés de dents petites et nombreuses.
Une seule nageoire dorsale très-longue; une seule anale.
Sept rayons branchiostéges.
Un ou deux barbillons à la mâchoire inférieure.

Pl. 29. — BROSME VULGAIRE.

Gadus brosme..... Müll., *Prodr. Zool. Dan.*, p. 41. — Lin., Gm., t. I, p. 1175. —
         Bloch, *Schn.*, p. 9. — Lacép., t. II, p. 450.
Brosmius vulgaris. Flem., *Brit. Anim.*, p. 194. — Yarr., *Brit. fish.*, 3ᵉ édit., t. I,
         p. 591. — Nilss., *Skand. Faun.*, t. IV, p. 597. — Bonap.,
         Cat. poiss. Eur., p. 43.
Brosmius brosme.. Gunth. *Cat. fish*, t. IV, p. 369.

Torsk, Tusk, Angleterre.

Le Brosme habite les régions froides de l'Europe, on le prend aussi sur les côtes septentrionales de l'Amérique. En Europe, il est surtout fort commun sur les côtes de Norwége; on le prend quelquefois sur celles des îles Britanniques et dans la mer du Nord. Ce poisson habite les eaux profondes et ne se rapproche de la terre que pour frayer; on le prend souvent en pêchant la morue, et sa chair se sale et se fume comme celle de ce dernier poisson.

Le corps de ce Gade est allongé, assez haut dans son tiers antérieur, peu élevé, au contraire, à sa partie postérieure; ses écailles sont petites et adhérentes. La tête est relativement peu développée et sa mâchoire supérieure dépasse l'inférieure qui est armée d'un barbillon. Les dents qui arment ces mâchoires sont très-nombreuses et petites; il y en a aussi sur le vomer.

Le Brosme n'a qu'une seule nageoire dorsale; elle occupe plus des deux tiers de la région du dos et ses rayons, qui sont au nombre de quatre-vingt-dix environ, ont sensiblement la même hauteur. Les pectorales, larges et arrondies, ont vingt et un rayons; les ventrales, étroites et assez longues, en ont cinq. L'anale, de moitié moins longue que la dorsale, est composée de soixante-quinze rayons. La caudale, arrondie et peu développée, a trente-cinq rayons.

Le dos de ce poisson et le dessus de sa tête sont d'un brun jaunâtre, ses flancs sont plus clairs, son ventre est blanchâtre. Les nageoires dorsale, anale et caudale sont noirâtres et bordées de jaune pâle ou de blanc; les pectorales sont jaunes; les ventrales ont une couleur gris-pâle.

La ligne latérale du Brosme, d'abord flexueuse, est horizontale dans toute la moitié postérieure du corps.

FAMILLE DES OPHIIDÉS.

OPHIIDÆ.

Cette famille, qui renferme un assez grand nombre d'espèces répandues sur différents points du Globe, est représentée sur nos côtes par les genres Oligopode, Fierasfer et Donzelle.

Les Ophiidés ont le corps allongé, comprimé, lisse ou recouvert de petites écailles cachées sous la peau. Leurs nageoires dorsale, anale et caudale sont le plus souvent réunies ensemble. Leurs nageoires ventrales sont réduites à un filament, ou manquent complétement. Leur vessie natatoire est assez forte et leurs appendices pyloriques sont peu nombreux, lorsqu'ils existent.

La famille des Ophiidés est composée de poissons que Cuvier classait, les uns, parmi les Gadoïdes, les autres parmi les Malacoptérygiens apodes.

GENRE OLIGOPE.

Oligopus, Risso.

Corps allongé et recouvert de petites écailles.

Museau arrondi, bouche bien fendue.

Mâchoires armées sur les côtés et en arrière d'une bande de petites dents; on voit en avant d'elles une rangée de semblables organes plus forts et pointus. Vomer pourvu de dents sur une petite portion de sa surface.

Huit rayons branchiostéges.

Nageoires dorsale et anale unies à la caudale. Ventrales réduites à un seul rayon.

Ligne latérale double dans ses deux tiers antérieurs.

Une vessie natatoire. Cœcums pyloriques, au nombre de deux.

OLIGOPE NOIR.

Oligopus aler.... Risso, *Ichth. Nice,* p. 142, pl. 11, fig. 41.
Oligopus niger.... Risso, *Europ. mérid.,* t. III, p. 338.
Gadopsis ater.... Filippi, *Zeitschr. Wiss. Zool.* 1855, p. 170.
Steridium atrum. Filippi et Verani, *Mém. Acad, sc.,* Torino, 2 sér. t. XVIII, p. 11,

fig. 6. — Gunth., *Cat. Fish.,* t. IV, p. 375.

Ce poisson, qui est fort rare, ne se prend que sur les côtes d'Italie ou sur celles de France, dans les environs de Nice. Risso nous apprend, que l'Oligope noir vit dans le voisinage des récifs et ne s'approche jamais des côtes. Suivant le même auteur, la femelle dépose sur les rochers des œufs d'un bleu foncé qui arrivent rapidement à éclosion.

La chair de cette espèce est molle et de mauvais goût.

L'Oligope noir a le corps allongé et recouvert de très-petites écailles; son museau est arrondi, sa bouche bien fendue et ses mâchoires, dont l'inférieure est la plus longue, sont armées d'une bande de dents petites et serrées, en avant de laquelle se voit une rangée

d'organes de même nature forts et pointus. Le vomer présente également une petite surface hérissée de dents. La bouche est dépourvue de
barbillons et l'opercule se termine en pointe. Les yeux sont petits, à iris
doré et à pupille noirâtre. La ligne latérale est double en avant, ses
deux branches se réunissent dans la région caudale.

La nageoire dorsale et l'anale sont unies à la caudale, qui se termine en pointe. Les pectorales sont assez développées et les ventrales
réduites à un filament assez court.

La formule des rayons des nageoires est la suivante:

D. 64. — P. 20. — V. 1. — A. 44. — C. 14.

Suivant Risso, l'Oligope serait d'un noir d'ébène sur un fond de
rouge violâtre. Ce poisson est pourvu d'une vessie natatoire, et ses
appendices pyloriques sont au nombre de deux.

GENRE FIERASFER.

Fierasfer, Cuvier.

Corps lisse et serpentiforme. Tête courte et déclive. Museau
tronqué. Mâchoires armées de dents en carde et quelquefois de
canines. Il y a aussi des dents sur les palatins et le vomer.

Nageoires dorsale et anale réunies à la caudale; pas de
nageoires ventrales.

Sept rayons branchiostéges.

Une vessie natatoire. Pas d'appendices pyloriques.

Pl. 30. — FIERASFER A DENTS AIGUES.

Fierasfer dentatus.... Kaup, *Apod. Fish.,* p. 158. — Gunth., *Cat. fish.,* t. IV, p. 383.
Ophidium dentatum.. Cuv. *Règn. anim,,* t. II, p.
Echiodon Drumordii. Thomps. *Proc. Zool. Soc.,* p. 55. — Yarr., *Brit Fish.* 2ᵉ édit.
t. II, p. 417.

Ce poisson, qui se prend sur les côtes d'Irlande, se tient de préférence sur les fonds sablonneux et ne s'éloigne que rarement des côtes.

Il ne parvient jamais à une taille considérable et n'est d'aucune utilité pour l'alimentation. Ses caractères sont les suivants :

Corps allongé, peu élevé, lisse et allant graduellement diminuant de hauteur jusque dans la région caudale, qui est très-grêle. Tête courte et s'abaissant d'arrière en avant. Museau tronqué, bouche assez large et fendue un peu obliquement. Mâchoire supérieure un peu plus longue que l'inférieure; toutes deux sont armées en avant de dents caniniformes, au nombre de quatre à la mâchoire supérieure, de deux seulement à l'inférieure, et latéralement de dents en carde. Le vomer présente également de semblables organes. OEil de médiocre grandeur. Ouverture des ouïes large. Rayons branchiostéges au nombre de huit. Nageoires dorsale et anale très-longues, peu élevées et se confondant avec la caudale; pectorales assez développées et pointues; pas de nageoires ventrales.

La formule des rayons des nageoires est la suivante :

D: 180. — P. 16. — A. 180. — C. 12.

Cette espèce a les parties supérieures du corps rouge pâle; les flancs sont plus clairs et mouchetés de brun; le ventre est blanc. Les nageoires dorsale et anale présentent aussi des taches noirâtres; les pectorales et la caudale sont beaucoup plus claires.

FIERASFER IMBERBE.

Gymnotus acus....... Lin., *Gm.*, t. I, p. 1140. — Bloch, *Schn.*, p. 522.
Notopterus fontanesii. Risso, *Icht. Nice*, p. 82, pl. 4., fig. 2.
Ophidium imberbe.... Cuv. *Rég. Anim.*, t. II, p. 359.
Ophidium imberbis... Bonap., *Cat. poiss. Europ.*, p. 41.
Fierasfer fantanesii.. Costa, *Faun. Nap.*, pl. 20 *bis*.

Le Fierasfer imberbe habite la Méditerranée et les parties de l'Atlantique voisines du détroit de Gibraltar. Il vit, suivant Risso, dans les grands fonds d'eau et se plaît dans les endroits sablonneux ou vaseux. La femelle pond en juillet un nombre considérable d'œufs qui sont d'un jaune blanchâtre.

Cette espèce dépasse rarement la taille de dix ou douze centimètres de longueur. Elle se distingue surtout de la précédente par l'absence de canines au devant de ses mâchoires et par la forme de sa nageoire dorsale, qui est très-mince et très-basse.

Le corps et la tête de ce poisson sont traversés par un grand
nombre de petites bandes formées par la réunion d'une grande multitude de taches d'un brun rougeâtre.

GENRE DONZELLE.

Ophidium, LINNÉ.

Corps très-allongé, comprimé et recouvert d'écailles très-
petites et irrégulièrement disposées dans l'épaisseur de la peau.

Tête courte; œil de médiocre grandeur; ouvertures branchiales assez grandes. Mâchoires sensiblement égales et armées
de dents petites, nombreuses et disposées par bandes. Le vomer
et les palatins sont aussi pourvus de dents. Région hyoïdienne
portant plusieurs barbillons.

Nageoires dorsale, caudale et anale continues.

Une vessie natatoire.

Pas d'appendices pyloriques.

Pl. 31. — DONZELLE COMMUNE.

Ophidium barbatum. Lin., *Syst. nat.*, t. I, p. 431. — Bloch, pl. 159, fig. I. — Id.
Schn., p. 484. — Lacép., t. II, p. 279. — Delaroch., *An.
Mus.*, t. XIV, p. 275. — Cuv., *Rég. Anim.*, t. II, p. 359.
— Risso, *Ichth. Nice*, p. 96. — Id., *Eur. mérid.*, t. III,
p. 211.—Yarr., *Brit. Fish*, 3e édit., t. I, p. 76. — Bonap.,
Cat. poiss. Europ., p. 41. — Gunth., *Cat. Fish.*, t. IV,
p. 377.

Bearded ophidium, Angleterre.

La Donzelle commune est un poisson de la Méditerranée qui parvient à la taille de huit ou neuf pouces. Il porte à Nice le nom de
Calegneiris. Son corps, allongé comme celui des Anguilles, est comprimé et recouvert de très-petites écailles. Sa tête est courte et légère-

ment aplatié dans sa région frontale. Ses mâchoires égales, sont armées de dents petites, disposées par bandes ; il y a également de ces organes sur le vomer. On remarque sous la gorge au-dessous de l'hyoïde une paire de barbillons assez longs et bifides.

L'œil est de médiocre grandeur. Les rayons branchiostéges sont au nombre de sept.

La nageoire dorsale et l'anale se rejoignent par la caudale. Ces trois nageoires ont ensemble deux cent soixante rayons. Les pectorales sont étroites et pointues ; il n'y a point de ventrales.

Les parties supérieures du corps de ce poisson sont d'un bleu pâle ; les flancs et le ventre sont argentés ; les nageoires, excepté les pectorales sont bordées de noir. On remarque en outre sur le dos et les flancs de petits points irrégulièrement disposés. Quelques spécimens présentent des teintes couleur de chair.

DONZELLE BRUNE.

Ophidium vassalli. Risso, *Icht. Nice*, p. 97., pl. 5, fig. 12. — Id. *Eur. mérid.*,
t. III, p. 212. — Cuv. *Rég. Anim.*, t. II, p. 359. — Bonap
Cat. Poiss. Europ., p. 41. — Gunth., *Cat. Fish.*, t. **IV**,
p. 378.

Cette espèce, propre à la Méditerranée, fréquente les côtes parsemées de roches. Son corps est brun roussâtre, ses flancs sont dorés et son ventre blanc. Ses nageoires dorsale, caudale et anale n'ont pas de liséré.

La Donzelle brune a comme la précédente, quatre barbillons au dessous du maxillaire inférieur. Ses pièces operculaires sont recouvertes d'écailles et ses mâchoires, égales, sont armées de dents fines. L'anus est reporté près de la gorge, il n'y a pas de cœcums au pylore, et la vessie natatoire, grande et de forme ovale, présente dans sa partie postérieure un petit orifice arrondi.

La chair de ce poisson est assez agréable au goût.

On trouve encore dans la Méditerranée deux autres espèces de Donzelles qui sont : la Donzelle de Broussonet, *Ophidium Broussonetii*, et la Donzelle de Delaroche, *Ophidium Rochii;* elles ne diffèrent de la Donzelle commune que par la forme de leur vessie natatoire.

FAMILLE DES AMMODYTIDÉS.

AMMODYTIDÆ.

Les Ammodytidés, dont les représentants forment un petit nombre d'espèces, fréquentant pour la plupart les côtes de l'Europe, ont été classés par Cuvier parmi les Malacoptérygiens apodes. M. Gunther les réunit à la famille des Ophiidés. Mais ces poissons présentant des caractères différentiels assez marqués, nous en faisons, à l exemple de Ch. Bonaparte, une famille distincte.

Les Ammodytidés sont renommés pour la délicatesse de leur chair; ils sont employés sur nos côtes comme appât pour la pêche des Maquereaux et pour celle de certains Pleuro-nectes.

GENRE ÉQUILLE.

Ammodytes, LINNÉ.

Corps grêle, allongé et recouvert de très-petites écailles.

Tête longue, museau aigu; mâchoire supérieure protractile, mâchoire inférieure plus allongée que la supérieure et comme elle dépourvue de dents.

Ouverture des ouïes très-large. Rayons branchiostéges au nombre de sept ou de huit.

Nageoires dorsale et anale dictinctes de la caudale.

Pas de nageoires ventrales. Ni cœcums pyloriques, ni vessie natatoire.

Pl. 32, fig. 2. — LANÇON.

Ammodytes lanceolatus. Lesauvage, *Bull. Sc. nat.* t, IV, p. 262. — Gunth., *Cat. fish.*, t. IV, p. 384.
Ammodytes tobianus.... Cuv. *Règn. Anim.*, t. II, p. 360. — Yarr., *Brit. fish.*, 3° édit., p. 89.

Greater Sand-Eel, Launce, Angleterre. — *Sand-aal,* Allemagne. — *Hvit-Tobis,* Suède. — *Smeelte, Zandael,* Pays-Bas.

Ce petit poisson, que l'on nomme vulgairement *Poisson d'appât* et *Poisson de Tobie,* est très-commun sur les côtes de la Manche et de la mer du Nord.

Sa chair est très-délicate et un grand nombre de poissons s'en montrent très-friands, aussi est-il très-recherché comme appât, surtout pour la pêche du Turbot. On le prend ordinairement à la marée basse lorsque la mer s'est retirée des plages, dans le sable humide desquelles s'enfonce le Lançon. On se sert, pour s'emparer de ces poissons, soit d'un petit trident emmanché au bout d'un bâton, soit d'un rateau, soit même d'une bêche que l'on enfonce sur les points du rivage où ils se sont retirés.

Les mouvements du Lançon sont très-rapides, et c'est au moyen
de sa mâchoire inférieure, qui est très-proéminente, qu'il réussit à
s'ensabler, il se sert aussi de sa mâchoire pour déterrer les vers dont il
fait sa nourriture.

Le corps du Lançon, grêle et très-allongé, est recouvert d'écailles
fort petites; il présente de nombreux plis longitudinaux dans sa région
ventrale. Sa tête est longue et de même hauteur que la région antérieure
du corps. L'œil est de médiocre grandeur. La bouche est assez large et
les mâchoires, dont l'inférieure est la plus longue, sont dépourvues de
dents. L'ouverture des ouïes est grande et les rayons branchiostéges
sont au nombre de sept ou huit.

La nageoire dorsale qui occupe plus des deux tiers de la longueur
du dos, est peu élevée et sensiblement de même hauteur dans toute
son étendue; elle a de cinquante-cinq à soixante et un rayons.

Les pectorales, peu développées, sont formées de quinze rayons.
L'anale, de moitié moins longue que la dorsale, est constituée par un
nombre de rayons qui varie de trente à trente-trois; la caudale qui est
fourchue a dix-sept rayons.

Les parties supérieures du corps du Lançon sont d'un brun clair à
reflets bleuâtres ou verdâtres suivant la position dans laquelle on
regarde le poisson. Les flancs et le ventre sont argentés ; les nageoires
sont de couleur pâle.

Pl. 32, fig. 1. — ÉQUILLE.

Ammodytes tobianus.... Lin., *Syst. Nat.*, p. 340. — Bloch, pl. 75, fig. 2 (?). — Id.
Schn., p. 493. — Lesauvage, *Bull. Sc. Nat.*, p. 201.
— Gunth. *Cat. fish.*, t. IV, p. 385.
Ammodytes alliciens.... Lacép., t. II, p. 274.
Ammodytes lancea....... Cuv. *Rég. Anim.*, t. II, p. 360.— Yarr. 3ᵉ édit., t. I. p. 94.

Lesser Launce, Lesser Sand Eel, Angleterre. — *Sand-Aal,* Allemagne.
— *Bla-Tobis,* Suède.

L'Équille est, comme le Lançon, très-commune sur les côtes de la
Manche et de la mer du Nord; on la pêche également dans la Méditerranée. Sa chair comme celle de la précédente espèce sert d'appât,
et on prend ce poisson, de la même manière que le Lançon, en fouil-
lant dans le sable humide des plages.

Les caractères qui permettent de distinguer ces deux poissons l'un de l'autre, résident principalement dans le moindre allongement de la mâchoire inférieure chez l'Équille et dans la position de sa nageoire dorsale qui commence sur le prolongement d'une ligne verticale qui passerait par le milieu des pectorales lorsque ces nageoires sont appliquées contre le corps.

La taille de cette espèce est inférieure à celle de la précédente, comme chez cette dernière, la région ventrale est parcourue par des lignes longitudinales, qui de la gorge convergent vers l'anus.

La formule des rayons des nageoires est la suivante :

D. 51. — P. 13. — A. 25. — C. 15.

Citons encore dans la Méditerranée une autre espèce d'Équille qui se prend dans les eaux de la Sicile, c'est l'*Ammodites siculus*. Elle diffère peu de l'Équille commune, et ne s'en distingue guère que par la forme de ses nageoires dorsale et anale dont le bord est ondulé.

FAMILLE DES PLEURONECTIDÉS.

PLEURONECTIDÆ.

La famille des Pleuronectidés renferme un nombre considérable d'espèces, dont beaucoup sont renommées pour la délicatesse de leur chair. Ce sont des poissons dont la conformation

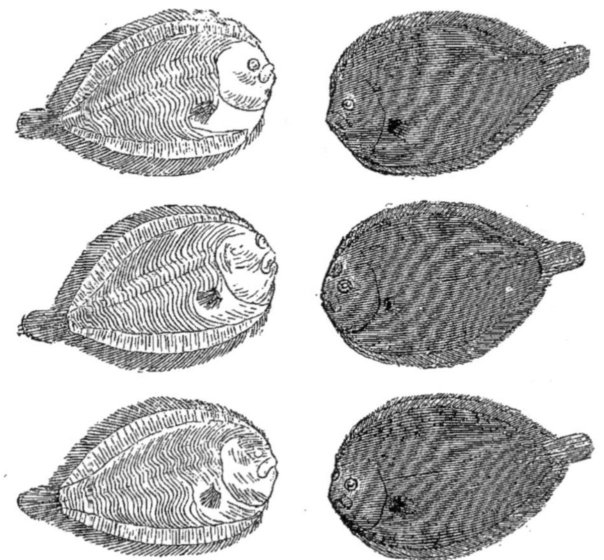

Fig. 1 à 6.

PHASES DIVERSES DE LA DÉFORMATION DU CORPS CHEZ LES PLEURONECTES ET POSITION DES YEUX AUX DIFFÉRENTS AGES.

est bizarre : ils ont en effet le corps haut, aplati sur un de ses côtés, légèrement bombé sur l'autre. La face aplatie est complétement décolorée ; la face bombée, présente au contraire des couleurs quelquefois très-vives, c'est elle qui porte les yeux.

Les os qui entrent dans la composition du crâne et de la face des Pleuronectidés, ne sont pas également développés de chaque côté, de là résulte un manque de symétrie dans la forme générale de cette partie du corps, et les yeux, situés l'un au-dessus de l'autre, sont reportés d'un même côté. Mais il n'en est pas de même chez les jeunes sujets, dont nous représentons ici les différentes phases du développement. Les organes de la vision sont placés d'abord chez eux comme chez les autres poissons, mais peu de temps après leur naissance, leur tête éprouve un mouvement de torsion, par suite duquel leurs deux yeux se trouvent insensiblement reportés d'un même côté du corps.

Ce déplacement des organes de la vision est en rapport avec le genre de vie des Pleuronectes, dont le corps repose généralement sur les fonds sablonneux ou vaseux par sa face aplatie et étiolée.

Ces poissons ont aussi un genre de locomotion très-singulier : tantôt ils nagent horizontalement et planent pour ainsi dire au sein des eaux, d'autres fois, mais rarement, ils se meuvent verticalement.

Quelques espèces, parmi lesquelles nous citerons le Flet, remontent assez loin le cours des fleuves et vivent très-longtemps dans les eaux douces.

La chair de ces poissons est blanche, de bon goût et de facile digestion.

Les Pleuronectidés n'ont pas de vessie natatoire.

GENRE FLÉTAN.

Hippoglossus, Cuvier.

Corps en forme d'ovale allongé et recouvert de très-petites écailles.

Tête petite, yeux reportés à droite. Mâchoire inférieure plus longue que la supérieure et armée, ainsi que le pharynx, de dents fortes, coniques, aiguës et espacées les unes des autres.

Nageoire dorsale occupant toute la longueur du dos, pectorales et ventrales petites.

Pl. 33. — FLÉTAN.

Pleuronectes hippoglossus... Lin., *Syst. Nat.*, t. I, p. 456. — Bloch, Schn., p. 147. — Lacép., t, IV, p. 601.
Hippoglossus vulgaris...... Flem., *Brit. An.*, p, 199. — Yarr., *Brit. fish.*, 3ᵉ édit., t. I, p. 630. — Gunth., *Cat. fish.*, t. IV, p. 403.
Hippoglossus gigas......... Bonap., *Cat. poiss. Eur.*, p. 47.

Holibut, Angleterre. — *Heilbutte, Hälleflundra*, Allemagne. — *Sands-Kiebbe*, Norwège. — *Haly flundra*, Suède. — *Helbot*, Belgique.

Le Flétan qui se pêche sur les côtes du nord de l'Europe, est surtout abondant en Norwége, en Islande et au Groënland; il ne se trouve point dans la Baltique. Les habitants de ces contrées le mangent, soit frais, soit salé ou fumé, et se servent pour s'en emparer de lignes de fond portant un nombre considérable d'hameçons.

Les appâts le plus généralement employés pour la pêche de ce Pleuronecte, sont des Cottes ou des Gades, mais on peut se servir également de Crustacés dont le Flétan se montre assez friand.

Le Flétan se tient de préférence dans les endroits peu profonds, et ne se rapproche des côtes qu'à l'époque de la fraye, qui a lieu au printemps. Il atteint une taille considérable, sa longueur est quelquefois de près de 2 mètres; il peut peser jusqu'à trois et même quatre cents livres. Sa chair, quoique blanche et délicate, est dure et sans saveur;

quant à sa tête, elle passe en Hollande, pour un mets très-délicat.

Le corps de ce poisson, est comme celui des autres pleuronectes très-aplati sur une de ses faces et légèrement bombé sur l'autre; sa forme est celle d'un ovale allongé, et il est recouvert d'écailles petites et adhérentes. Sa tête est courte, sa bouche largement fendue; sa mâchoire inférieure, un peu plus longue que la supérieure, présente de chaque côté, des dents fortes, pointues et espacées les unes des autres. La mâchoire supérieure porte également des organes de cette nature, mais ils sont moins développés et disposés sur deux rangées. L'œil petit, a sa pupille noirâtre et son iris doré. Les rayons branchiostéges sont au nombre de sept, et la ligne latérale qui occupe à peu près le milieu du corps, décrit une courbe assez prononcée au-dessus des pectorales.

La nageoire dorsale, qui règne sur presque toute la longueur du dos, est basse à son origine, plus élevée dans son milieu, elle va ensuite en décroissant jusqu'à sa terminaison; elle a cent deux ou cent trois rayons. Les pectorales et les ventrales sont peu développées et sont formées : les premières de seize rayons, les secondes de six.

L'anale, de même forme que la dorsale, a de soixante-quatorze à quatre-vingt-un rayons; la caudale légèrement fourchue en compte seize.

Le côté droit du corps du Flétan est d'un brun plus ou moins foncé suivant les régions; son côté gauche, c'est-à-dire, celui qui repose sur le sol, est d'un blanc clair.

GENRE HIPPOGLOSSOÏDE.

Hippoglossoïdes, GOTTSCHE.

Corps oblong et recouvert d'écailles petites et ciliées.

Tête courte; yeux assez grands et reportés à droite; bouche large, protractile, et armée de dents petites et disposées sur une seule rangée sur les mâchoires. Palais lissé.

Pl. 34. — HIPPOGLOSSOÏDE LIMANDE.

Pleuronectes limandoides... Lin., Gm., t. I, p. 1232. — Bloch, Schn., p. 146. —
                Lacép., t. IV, p. 635.
Pleuronectes linguatula..... Mull., *Prodr.*, p. 377.
Hippoglossoides limanda... *Gottsche* in Wiegm., *Arch.*, 1835, p. 166.
Platessa limandoides....... Yarr., *Brit. fish.*, 3ᵉ édit., t. I, p. 625. —Nilss. Skand.,
                Faun. Fisk., p. 629.
Hippoglossoides limandoides. Gunth., *Cat. fish.*, t. IV, p. 405.
Limanda limandoides...... Bonap., *Cat. poiss. Eur.*, p. 48.

Rough Dab, Sandsucker, Angleterre.

Ce poisson, qui est assez commun dans la mer du Nord, est rare
au contraire dans la Manche, où il n'a été pris qu'à de rares intervalles
sur les côtes d'Angleterre.

Il fraye pendant les mois de mai et de juin, et se nourrit de Mollusques ou de petits Crustacés, qui vivent en grand nombre sur les
fonds sablonneux qu'il fréquente de préférence.

Son corps, très-aplati et de forme oblongue, est recouvert d'écailles
petites et ciliées ; sa plus grande hauteur égale environ le tiers de sa
longueur totale. Sa tête est petite et sa bouche très-large est protractile. La mâchoire inférieure est un peu plus longue que la supérieure ;
toutes deux sont armées d'une rangée de dents petites, coniques et
pointues. Les yeux sont relativement grands et très-rapprochés l'un
de l'autre.

La ligne latérale peu apparente, décrit une légère courbe au-dessus
des pectorales ; elle devient rectiligne dans les deux tiers postérieurs
du corps.

La nageoire dorsale naît au-dessus de l'œil, elle est de même
hauteur dans son tiers antérieur et dans son tiers postérieur, plus haute
au contraire dans son tiers moyen. Les pectorales et les ventrales sont
petites ; l'anale est de même forme et de même hauteur que la dorsale ;
la caudale est arrondie.

La formule des rayons des nageoires est la suivante :
       D. 82 à 87. — P. 10. — V. 5. — A. 64. — C. 16.

Le côté droit du corps de ce poisson est d'un brun foncé ; ses
nageoires sont plus claires.

GENRE RHOMBE.

Rhombus, Cuvier.

Corps rhomboïdal, recouvert de petites écailles, ou parsemé de petits tubercules coniques et pointus.

Tête en général assez forte. Bouche large ; mâchoires inégales et armées ainsi que le vomer, de dents en velours ou en carde.

Yeux reportés à gauche et souvent séparés par une crête saillante. Nageoire dorsale naissant en avant de l'œil supérieur. Sept rayons branchiostéges.

Pl. 35. — TURBOT.

Rhombus aculeatus..... Rondel., t. XI, c. 2, p. 310. — Aldrov., t. II, c. 48, p. 248,
     — Willughby, p. 93, pl., f. 8, fig. 3.
Pleuronecles maximus. Lin., *Hist. nat.*, t. I, p. 495. — Brunn, *Ichth., Mass.*, p. 35.
     — Bloch, *Fish. Deuts*, t. II, p. 53, pl. 49. — Id., Schn.,
     p. 153. — Risso, *Ichth. Nice*, p. 314.
Pleuronecles turbot.... Lacép., t. IV, p. 645.
Rhombus maximus.... Cuv., *Règ. Anim.*, t. II, p. 341. — Risso, *Europ. Mérid.*,
     t. III, p. 250. — Yarr., *Brit. fish.*, 3e édit., p. 634. —
     Bonap., *Faun. Ital.* — Costa, *Faun. Napl.*, t. II, p. 15.
     — Gunth., *Cat. fish.*, t. IV, p. 408.

Turbot, Angleterre. — *Butto,* Suède. — *Stein butt,* Allemagne. — *Terbot, Tarbot,* Pays-Bas. — *Rombo, Rombo chiodato,* Italie.

Ce poisson, un des plus connus et des plus estimés pour la délicatesse de sa chair, était connu des Romains sous le nom de Rhombus ; ils l'appelaient aussi *Phasianus aquatilis* ou *Faisan des eaux,* et on raconte que l'empereur Domitien ne recula pas à convoquer le Sénat, pour décider à quelle sauce serait mangé un de ces poissons dont la taille était gigantesque.

Le Turbot porte différents noms sur les côtes de France ; on le nomme *Rhombe, Faisan de mer* et *Cailleteau,* dans plusieurs localités, *Roun clavélat* sur les côtes de Languedoc où il est très-commun, et *Roumbou clavelat* près de Nice. On pêche ce poisson sur toutes les côtes de l'Europe, mais il parvient surtout à une forte taille sur celles de France et d'Angleterre, où il n'est pas rare d'en prendre qui pèsent de vingt à trente livres. Il se plaît sur les fonds sablonneux et dans les eaux profondes ; sa nourriture consiste en petits poissons tels que, Harengs, Athérines, Équilles, etc., etc., il se nourrit également de Crustacés et de Mollusques. Le Turbot se pêche à la ligne de fond amorcée de poissons, on le prend aussi à la *drague* et dans les *tramaux flottants.*

Le nom de Rhombe a été donné à ce poisson en raison de la forme de son corps qui est presque celle d'un losange. Sa peau est dépourvue de véritables écailles, mais présente, de distance en distance, de petits tubercules pointus. Sa tête, qui est aussi longue que haute, présente de semblables tubercules, mais plus petits et en nombre beaucoup plus considérable. La bouche est grande ; la mâchoire supérieure est plus courte que l'inférieure, et toutes deux, ainsi que le vomer, sont armées d'une bande de dents en cardes. Les yeux sont reportés à gauche et l'inférieur est situé plus en avant que le supérieur ; leur iris est brunâtre.

La ligne latérale décrit une courbe assez prononcée au-dessus des pectorales, elle est rectiligne dans le reste de son trajet.

La nageoire dorsale commence en avant de l'œil supérieur ; elle s'étend presque jusqu'à la racine de la caudale, et ses premiers rayons dépassent un peu dans leur partie supérieure la membrane qui les soutient. Les rayons médians sont les plus longs ; cette nageoire compte en tout soixante-huit rayons.

Les pectorales sont petites et ont onze rayons. Les ventrales, larges et reportées très en avant, en ont six. L'anale, de même forme que la dorsale, a cinquante rayons, et la caudale, allongée et arrondie a son bord libre, en a dix-sept.

Le côté gauche du corps du Turbot est d'un brun jaunâtre ou verdâtre plus ou moins foncé, les nageoires sont plus claires et portent, ainsi que le corps, un nombre considérable de très-petites taches irrégulièrement disposées et plus foncées. Le côté droit du poisson est d'un blanc rosé.

Pl. 36. — RHOMBE CARDINE.

Rhombus cardina........ Cuv., *Règn. An.*, t. II, p. 341.
Pleuronectes megastoma.. Donov., *Brit. fish.*, t. III, pl. 51. — Yarr., *Brit. fish.*, 3ᵉ éd.,
p. 654.
Rhombus megastoma.... Nilss., *Skand. Faun.*, p. 641. — Gunth., *Cat. fish.*, t. II,
p. 412.
Pleuronectes megastomus. Bonap., *Cat. poiss. Europ.*, p. 47.

Cette espèce qui habite les parties froides de l'océan Atlantique, se prend aussi dans la mer du Nord et dans la Manche, où elle est cependant rare, surtout sur les côtes de France. Elle se tient à peu de distance des côtes sur les fonds sablonneux; sa chair est peu estimée. Le corps de ce poisson est très-oblong et recouvert d'écailles assez petites et ciliées que l'on retrouve également sur les nageoires et sur les joues; son museau est allongé et sa bouche largement fendue. La mâchoire inférieure, qui est plus longue que la supérieure, est armée ainsi que cette dernière de dents en velours. Les yeux sont reportés à gauche.

La formule de rayons des nageoires est la suivante :

D. 87. — P. 11. — V. 6. — A. 69. — C. 13.

Le corps de ce poisson est, du côté gauche, d'un brun jaunâtre uniforme; quelques individus présentent des taches noirâtres.

Pl. 37. — BARBUE.

Rhombus lævis........ Rond., t. XI, ch. 3, p. 312. — Gesner, *Aquat.*, t. IV, p. 663.
— Bonap., *Faun. Ital.*— Canest., *Arch. zool.*, t. I, p. 27,
pl. 2, fig. 4. — Gunth., *Cat. fish.*, t. IV, p. 410.
Pleuronectes rhombus.. Lin., *Syst. Nat.*, t. I, p. 458. — Brunn., *Ichth. Mass.*, p. 35.
— Bloch, Schn., p. 152. — Lacép., t. IV, p. 649. — Risso,
Ichth. Nice, p. 315.
Rhombus vulgaris...... Cuv., *Règn. An.* — Yarr., *Brit. fish.*, 3ᵉ édit., t. I, p. 641.
Pleuronectes barbatus.. Risso, *Europ. Mérid.*, t. III, p. 251.

Brill, Pearl, Brett, Bonnet-fleuk, Angleterre. — *Gluttbutt, Viereck,* Allemagne. — *Pigghuars,* Suède. — *Sandflynder,* Norwége. — *Griet,* Hollande. — *Grietje,* Flandre. — *Rhombo, Soato, Soazo, Linguta mascula,* Italie. — *Passera,* Sicile.

Comme le Turbot, la Barbue est un de nos pleuronectes les plus estimés sous le rapport de la qualité de sa chair, qui est cependant moins ferme que celle de ce premier poisson; comme lui, elle se pêche sur toutes les côtes de l'Europe. Les habitudes de ce Pleuronecte sont à peu près celles du Turbot : se cachant dans la vase ou dans le sable, il s'agite pour troubler l'eau, et remue l'extrémité de ses nageoires pour attirer à lui les petits poissons dont il fait sa nourriture. Sa pêche se fait à la ligne de fond amorcée de morceaux de poissons ou même de poissons entiers.

Le corps de la Barbue, en forme de losange à angles émoussés, est recouvert d'écailles très-petites ; ces organes se retrouvent également sur la tête, à l'exception du museau, et sur les rayons des nageoires.

La bouche est largement fendue et sa mâchoire inférieure dépasse la supérieure; toutes deux sont armées de dents petites, pointues et d'inégale grandeur.

Les yeux sont reportés du côté gauche, leur iris est jaunâtre. Il y a sept rayons branchiostéges.

La direction de la ligne latérale est la même que chez le Turbot ; les nageoires ont aussi une position analogue à celle qu'elles occupent chez ce dernier poisson, et la formule de leurs rayons est la suivante :

D. 80. — P. 11. — V. 6. — A. 62. — C. 17.

Le côté gauche du corps de la Barbue est d'un brun foncé parsemé, de distance en distance, de taches de forme arrondie ou semilunaire qui s'étendent aussi sur les nageoires et sont généralenent d'un brun roussâtre.

Cette espèce est ordinairement d'une taille inférieure à celle du Turbot; on en prend cependant assez souvent qui pèsent huit et dix kilogrammes, mais les individus qui figurent ordinairement sur nos marchés sont plus petits.

Pl. 38. — TARGEUR.

Pleuronectes punctatus. Bloch, Schn., p. 155.
Rhombus hirtus........ Yarr., *Brit. fish.*, 3e édit., t. I, p. 646. — Nilss., *Skand. Faun.*, p. 646.
Rhombus punctatus.... Gunth., *Cat. Fish.*, t. IV, p. 413.
Scophtalmus punctatus. Bonap., *Cat. poiss. Europ.*, p. 49.

Ce poisson qui habite la mer du Nord, la Manche et l'océan Atlantique, est rare sur nos côtes. Il atteint la taille d'un pied à un pied et demi de longueur et sa chair est tendre et délicate. Il se plaît parmi les rochers et se prend quelquefois dans les filets des pêcheurs de Trigles.

Son corps, de forme rhomboïdale, est recouvert d'écailles petites et rudes au toucher. La tête, recouverte d'écailles sur ses parties latérales, est forte ; son museau est obtus et sa bouche fendue obliquement. Les mâchoires sont sensiblement égales et armées de dents petites, fines et nombreuses.

La nageoire dorsale qui commence au-dessus du museau en avant de l'œil antérieur, se continue jusqu'à la naissance de la caudale ; ses rayons antérieurs sont assez courts, ceux du tiers postérieur sont les plus longs, sauf les derniers qui sont très-petits. Les rayons de cette nageoire sont au nombre de quatre-vingt-treize environ. Les pectorales, ont onze rayons ; les ventrales se confondent avec l'anale, leurs rayons sont au nombre de six ; on en compte jusqu'à quatre-vingts à la dernière de ces nageoires. La caudale courte et arrondie sur son bord libre a quatorze rayons.

Le Targeur a le côté gauche du corps d'un brun roux tacheté de noir ; en arrière de la courbure de la ligne latérale se voit une large tache foncée ; on remarque aussi au-dessus de l'œil supérieur deux larges bandes noires qui se confondent quelquefois ; il y a une semblable bande au-dessus de l'œil inférieur et elle s'étend jusqu'au bord du subopercule. Les nageoires sont brunes. Le côté droit du poisson est de couleur blanche.

Pl. 39. — RHOMBE NORWÉGIEN.

Rhombus norvegicus. Gunth., *Cat. fish.,* t. IV, p. 412.
Rhombus cardina ... Fries et Ekstrom, *Skand. fish.,* pl. 50.

Ekstrom's Topknot, Angleterre.

Ce poisson qui habite les côtes de la Norwége, n'a été pris qu'accidentellement sur celles des Iles-Britanniques.

Le corps de ce Rhombe est plus allongé que celui des autres pleuronectes du même genre. Sa bouche est petite et son maxillaire inférieur dépasse la mâchoire supérieure. Ses yeux, rapprochés l'un de l'autre et séparés par une saillie, sont situés du côté gauche. Les couleurs du corps de ce poisson sont d'un brun jaunâtre parsemé de taches plus foncées et irrégulièrement disposées. Les nageoires, de même couleur que le corps, sont également mouchetées de brun. Le côté plat du poisson est blanc.

GENRE PHRYNORHOMBE.

Phrynorhombus, GUNTHER.

Corps allongé, aplati et recouvert ainsi que la tête et les nageoires, d'écailles petites et rugueuses. Yeux assez grands, saillants et situés à gauche. Bouche grande, mâchoires armées d'une bande de dents en carde.

Nageoire dorsale naissant en avant de l'œil.

Rayons branchiostéges au nombre de cinq.

Pl. 40. — LIMANDELLE.

Petite Limandelle...... Duhamel.
Pleuronectes punctatus. Flem., *Brit. An.*, p. 196.
Rhombus punctatus.... Yarr., *Brit. fish.*, t. II, p. 338.
Rhombus unimaculatus. Risso, *Europ. Mérid.*, t. III, p. 252. — Bonap., *Faun. Ital.*,
                             Nilss., *Skand. Faun. fish.*, p. 645.
Scophthalmus punctatus...... Bonap., *Cat. poiss. Eur.*, p. 49.
Phrynorhombus unimaculatus. Gunth., *Cat. fish.*, t. IV, p. 414.

Bloch's Topknot, Angleterre. — *Peloso da grota*, Italie.

Ce poisson, assez rare sur les côtes d'Angleterre, est au contraire plus commun dans la Méditerranée, sur les plages du Languedoc et dans les eaux de Nice. On le prend aussi sur les côtes d'Italie.

Le nom de *Peloso da grota* que lui donnent les pêcheurs italiens, provient de l'habitude qu'a ce pleuronecte de s'enfoncer dans les cavités sous-marines, habitude qui rend sa pêche très-difficile.

Il parvient à une taille assez considérable, mais n'atteint jamais celle du Turbot.

Le corps de cette espèce est allongé et recouvert, ainsi que les joues et la tête, de petites écailles rudes au toucher. Le museau est obtus, et la bouche, largement fendue, est protractile. Les yeux sont assez grands, saillants et reportés à gauche.

Les mâchoires, dont l'inférieure est un peu plus longue que la supérieure, sont armées d'une bande de dents en carde.

La ligne latérale, d'abord très-arquée, devient rectiligne dans les deux tiers postérieurs du corps.

La nageoire dorsale commence un peu en avant de l'œil et s'étend presque jusqu'à la caudale, son premier rayon se prolonge en un filament bifide à son extrémité, les autres sont plus courts et au nombre de soixante-dix-huit.

Les pectorales sont grandes et formées de dix rayons ; les ventrales peu développées se confondent presque avec l'anale, elles ont six rayons. L'anale, d'abord assez basse, s'élève sensiblement dans sa région postérieure ; elle est formée de soixante-sept rayons. Enfin la caudale peu développée et arrondie à son bord libre est constituée par dix-sept rayons. Toutes ces nageoires sont écailleuses.

Le côté gauche de ce poisson est d'un brun jaunâtre à reflets violacés. On remarque de distance en distance sur cette région du corps des points, des lignes et des taches de couleur noirâtre, qui se retrouvent également sur les nageoires. Une de ces taches, beaucoup plus forte que les autres, est située sur le trajet de la ligne latérale, dans la région postérieure du corps.

GENRE ARNOGLOSSE.

Arnoglossus, BLEEK.

Corps en forme d'ovale allongé et recouvert d'écailles assez grandes, minces et peu adhérentes. Bouche grande ; mâchoires armées de dents petites et nombreuses.

Yeux reportés à gauche.

· Nageoire dorsale commençant en avant de l'œil et se terminant très-près de la caudale.

Pl. 41. — ARNOGLOSSE TRANSPARENT.

Pleuronectes laterna...... Walb., art. III, p. 121.
Pleuronectes leotardi...... Risso, *Ichth. Nice,* p. 318.
Rhombus nudus .... Risso, *Eur. Mérid.,* t. III, p. 251. — Cuvier, *Règn. Anim.,* t. II, p. 342.
Pleuronectes pellucidus ... Nardo, *Ichth. Adriat.,* n° 134.
Pleuronectes arnoglossus.. Bloch, Schneid., p. 157. — Flem, *Brit. Anim.,* p. 197. — Bonap., *Faun. Ital.* — Id., *Cat. poiss. Eur.,* p. 47.
Rhombus arnoglossus...... Yarr., *Brit. fish.,* t. II, p. 345.
Hyppoglossus arnoglossus. Costa, *Faun. Nap.,* t. II, p. 32.
Arnoglossus laterna ...... Gunth., *Cat. fish.,* p. 415.

Scald-Fish, Angleterre. — *Smooth Sole,* Écosse. — *Sianchetta, Sanchetto, Suacia cianchetta, Tachia cianchetta.* — Italie.

Ce Pleuronecte, très-commun sur les côtes de l'Europe méridionale, plus rare au contraire sur celles d'Angleterre, dépasse rarement la longueur de quinze à dix-huit centimètres. Il habite la haute mer et sa chair est peu estimée.

Les Niçcis le nomment *Roumbou,* et les Siciliens *Linguata liscia.*

Le corps de ce poisson, en forme d'ovale allongé, est recouvert d'écailles assez grandes, minces, transparentes et peu adhérentes. Sa tête est petite, son museau arrondi, sa bouche bien fendue, et ses mâchoires sont armées de dents petites et nombreuses.

Ses yeux sont reportés à gauche et séparés par une saillie assez marquée. Sa ligne latérale naît du bord postérieur de l'opercule; elle est légèrement arquée à son origine et devient ensuite rectiligne dans le reste de son trajet.

La nageoire dorsale commence en avant de l'œil et s'étend très-loin dans la région caudale; elle a quatre-vingt-huit rayons. Les pectorales sont longues et étroites, les ventrales petites, l'anale longue et peu distincte des ventrales. La caudale est arrondie à son bord libre.

La formule des rayons des nageoires est la suivante :

D. 88. — P. 6. — V. 10. — A. 68. — C. 17.

Le côté gauche de ce poisson est d'un brun rougeâtre assez pâle.

ARNOGLOSSE BOSQUIEN.

Pleuronectes boscii.. Risso, *Ichth. Nice,* p. 319. — Bonap., *Faun. Ital.* — Id., *Cat.*
        Poiss. Eur., p. 47. — Cuv., *Règn. Anim.,* t. II, p. 341.
Hippoglossus boscii. Risso, *Eur. Mérid.,* t. III, p. 246.
Rhombus boscii .... Cuv., *Règn. Anim.,* 2ᵉ édit.
Arnoglossus boscii.. Gunth., *Cat. fish.,* t. IV, p. 416.

Suacia francese, Italie.

Cette seconde espèce que les pêcheurs du Languedoc nomment
Perpeïra, et ceux de Nice, *Pampalloli,* est propre à la Méditerranée. Elle
se pêche sur les côtes d'Italie, sur celles de Nice, de Provence et de
Languedoc, où elle est assez commune, pendant les mois d'avril, de
juillet et d'août.

Ce Pleuronecte, qui atteint quelquefois la longueur de trente à
quarante centimètres, a le côté gauche du corps d'un gris roussâtre
transparent. Les nageoires dorsale et anale portent dans leur région
postérieure deux taches arrondies et noirâtres ; on en trouve deux
autres, mais moins accentuées, dans la portion médiane de ces nageoires.

La formule des rayons est la suivante :

D. 82. — A. 68. — P. 10. — V. 6. — C. 17.

ARNOGLOSSE DE GROHMANN.

Pleuronectes Grohmanni. Bonap., *Faun. Ital.* — Id., *Cat. poiss. Eur.,* p. 47. —
        Canest., *Arch. zool.,* t. I, p. 12.
Arnoglossus Grohmanni. Gunth., *Cat. fish.,* t. IV, p. 417.

Passera, Passarino, Pesce Passr, Passera della Giuecca.

Ce Pleuronecte, assez commun sur les plages du Languedoc, y
porte le nom de Perpeïra ; on le pêche également sur les côtes
d'Italie.

Son corps, ovalaire comme celui des poissons du même genre, et
cependant plus étroit dans sa région caudale et son côté gauche, sur
lequel se trouvent reportés les yeux, est d'un brun clair moucheté de
points foncés. Les nageoires sont de même couleur que le corps et,

comme lui, parsemées de taches sombres. Le côté droit du poisson est de couleur blanchâtre.

La formule des rayons des nageoires est la suivante :

D. 80. — P. 10. — V. 6. — A. 52. — C. 19.

GENRE CITHARE

Citharus, BLEEK.

Corps allongé et recouvert d'écailles lisses et peu adhérentes.

Bouche large et armée sur les mâchoires et le vomer de dents d'inégale grandeur.

Yeux grands, rapprochés et reportés à gauche.

Nageoire dorsale commençant sur le museau et s'étendant, ainsi que l'anale, jusqu'à la racine de la caudale.

CITHARE LINGUATULE.

Pleuronectes linguatula .... Lin., *Syst. Nat.,* t. I, p. 457. — Bloch, Schn.,
p. 151.
Pleuronectes macrolepidotus .. Delaroche, *Ann. Mus.,* t. XIII, p. 353. — Bonap.,
Faun. Ital. — Canest., *Arch. zool.,* t. I, p. 16,
fig. 1.
Hyppoglossus macrolepidotus.. Cuv., *Règn. Anim.,* t. II, p. 340.
Pleuronectes citharus .... Bonap., *Cat. poiss. Eur.,* p. 47. — Spinola, *Ann.*
Mus., t. X, p. 146.
Hyppoglossus citharus........ Risso, *Eur. Mérid.,* t. III, p. 146. — Costa, *Faun.*
Nap., t. II, p. 27.
Citharus linguatula.......... Gunth., *Cat. fish.,* t. IV, p. 418.

Suaccia, Suaccia commune, Passera, Pataracchia, Italie.

Ce Pleuronecte, dont la chair est blanche et délicate, parvient à la longueur d'un pied; il habite la Méditerranée, et Risso le signale comme étant assez commun sur les côtes de Nice. Les pêcheurs de Cette le nomment *Perpeïra, Prêtre,* et ceux de Gênes *Suasa.*

Ses caractères sont les suivants :

Corps de forme ovalaire et recouvert d'écailles lisses, peu adhérentes et faiblement ciliées. Bouche largement fendue et armée sur ses mâchoires de dents d'inégale grandeur. De semblables organes se voient sur le vomer. Yeux grands et reportés à gauche. Ligne latérale décrivant une courbe assez prononcée au-dessus des pectorales. Nageoire dorsale naissant sur le museau, et s'étendant jusqu'à la racine de la caudale. Pectorales assez longues; ventrales de moitié plus courtes; anale longue et se terminant sur le même plan que la dorsale. Caudale arrondie sur son bord libre.

La formule des rayons des nageoires est la suivante :

D. 66. — P. 10. — V. 6. — A. 46. — C. 17.

Le côté gauche du corps de ce poisson est d'un gris roussâtre, son côté droit est d'un blanc laiteux.

GENRE RHOMBOIDICHTHYS

Rhomboidichthys, BLEEK.

Corps très-aplati, élevé dans sa région antérieure et recouvert d'écailles petites et ciliées. Bouche médiocrement fendue, et armée sur les mâchoires de dents petites et nombreuses.

Yeux grands et reportés à gauche.

Nageoire dorsale naissant très en avant de l'œil.

ARGUS.

Pleuronectes podas..... Delaroche, *Ann. Mus.,* t. XIII, p. 354, fig. 14
Pleuronectes argus..... Risso, *Ichth. Nice*, p. 317.
Rhombus gesneri ...... Risso, *Eur. Mérid.,* t. III, p. 254.
Rhombus podas........ Bonap., *Faun. Ital.* — Costa, *Faun. Nap.,* t. II, p. 22, pl. 43. — Canest., *Arch. zool.,* t. I, p. 21, pl. 2, fig. 3.
Rhombus serratus..... Valenc., *in* Webb et Berth., *Poiss. îles Canar.,* p. 82, pl. 18, fig. 1.
Rhomboidichthys podas. Gunth., *Cat. fish.,* t. IV, p. 432.

Ce poisson, qui a été découvert par Delaroche aux îles Baléares, est assez rare sur les côtes d'Italie et sur celles de France aux environs de Nice, où il atteindrait, suivant Risso, le poids de trois kilogrammes.

Sa chair n'est pas estimée en raison de sa mollesse.

Le corps de ce Pleuronecte, très-aplati et très-élevé dans sa région antérieure, est recouvert d'écailles petites et ciliées. Sa bouche médiocrement fendue et protractile, est armée, sur ses mâchoires, de dents fines disposées sur deux rangs.

Les yeux sont grands, saillants et séparés l'un de l'autre par un espace égal à trois fois le diamètre de l'orbite. Au-dessus de l'œil inférieur, qui est placé en avant du supérieur, se remarque un petit tubercule épineux qu'on retrouve également à la base de l'os maxillaire.

La ligne latérale décrit au-dessus des pectorales une forte courbe.

La nageoire dorsale qui commence très en avant de l'œil, a en tout quatre-vingt-huit rayons. Les pectorales sont assez longues et formées de neuf rayons. Les ventrales, plus courtes et très-distinctes de l'anale, ont six rayons. Cette dernière nageoire qui se termine sur le même niveau que la dorsale est constituée par soixante-dix rayons; la caudale arrondie en compte dix-neuf.

Le côté gauche de ce Pleuronecte, d'un brun olivâtre, est couvert de taches d'un gris bleuâtre à pourtour plus foncée. On remarque en outre dans la région postérieure du corps et sur la ligne latérale une tache arrondie de couleur noirâtre.

———

GENRE PLIE.

Platessa, Cuvier.

Corps de forme rhomboïdale, en général assez élevé, nu ou recouvert d'écailles très-petites.

Mâchoires inégales et armées de dents tranchantes sur une rangée; pharyngiens souvent pourvus de dents en pavés.

Yeux généralement du côté droit.

Nageoire dorsale commençant au-dessus de l'œil supérieur ; nageoire caudale séparée de la dorsale et de l'anale.

Deux ou trois cœcums pyloriques.

Pl. 42. — PLIE FRANCHE.

Pleuronectes platessa. Lin., *Syst. Nat.*, t. I, p. 456. — Bloch, Schn., p. 144. —
       Lacép., t. IV, p. 628.— Nilss., *Skand. Faun.*, t. IV, p. 612,
       — Gunth., *Cat. fish.*, t. IV, p. 440.
Platessa vulgaris.... Flem., *Brit. An.*, p. 198. — Yarr., *Brit. fish.*, 3ᵉ édit., t. I,
       p. 605. — Bonap., *Cat. poiss. Eur.*, p. 48.

Rods putta, Skralla, Suède. — *Scholle,* Hollande. — *Plateisschall,* Allemagne. — *Plaice,* Angleterre. — *Pladijs,* Flandre. — *Platija,*
Espagne.

La Plie franche, qui est très-commune dans le nord de l'océan Atlantique, se pêche principalement sur les côtes de la Norwége ; on la prend aussi dans la mer du Nord, sur toutes les côtes des Iles-Britanniques et dans la Manche où elle est plus rare. Sa chair est ferme et d'assez bon goût ; les sujets qui sont pris sur les côtes de Norwége sont plus délicats et plus estimés que ceux qui fréquentent nos côtes.

La Plie habite le voisinage des terres et se plaît sur les fonds vaseux ; elle pénètre souvent dans les ports, et remonte quelquefois le cours des rivières limoneuses. Elle parvient à une taille assez forte, et il n'est pas rare de prendre de ces poissons qui pèsent sept et huit livres. Au printemps elle se rapproche du rivage pour frayer. Sa nourriture consiste en jeunes poissons, petits crustacés et mollusques. Sa chair se sèche, et en Hollande on la livre au commerce sous le nom de Schol.

La pêche de ce Pleuronecte se fait au *Chalut,* au *Trident,* ou à *la ligne de fond.*

La Plie a le corps ovale ; les écailles qui le recouvrent, et surtout celles des parties latérales de la tête, sont petites et lisses.

La tête est peu développée, la bouche peu fendue, et les mâchoires, dont l'inférieure est plus longue que la supérieure, sont armées de dents peu nombreuses, tranchantes et obtuses ; les pharyngiens ont aussi de ces organes, mais ils sont en forme de pavés. On remarque, en outre, entre les deux yeux qui sont reportés du côté droit, six ou sept tubercules formant une crête saillante.

La formule des rayons des nageoires est la suivante :

D. 67. — P. 11. — V. 6. — A. 55. — C. 16.

Le côté droit du corps de ce poisson est d'un brun verdâtre quelquefois teinté de jaune ; il présente de place en place des taches d'un rouge orangé que l'on retrouve également sur les joues et sur les nageoires dorsale et anale.

PLIE LARGE.

Pleuronectes latus. Cuv., *Règne Anim.,* t. II, p. 339. — Gunth., *Cat. fish.,* t. IV, p. 442.
Platessa lata...... Bonap., *Cat. poiss. Eur.,* p. 48.

Espèce qu'on pourrait confondre avec la Plie, et qui s'en distingue cependant à première vue par un corps plus haut. Elle est excessivement rare sur nos côtes, et il se pourrait, comme le fait remarquer M. Gunther, que cette espèce soit simplement une variété de la Plie franche.

PLIE ALLONGÉE.

Platessa élongata ..... Yarrel., *Suppl. Brit. fish.* — Id., *Brit. fish.,* t. II, p. 318. — Bonap., *Cat. poiss. Europ.,* p. 48.
Pleuronectes elongatus. Gunth., *Cat. fish.,,* t. IV, p. 450.

Long-Flounder, Angleterre.

Espèce très-rare, n'ayant encore été prisé que sur les côtes des Iles-Britanniques, et se distinguant à première vue des autres Pleuronectes par la forme allongée de son corps.

Ses caractères principaux sont les suivant :

Corps très-allongé, recouvert d'écailles striées et de médiocre grandeur. Tête courte. Mâchoires sensiblement égales. Yeux grands et séparés par une saillie osseuse. Nageoire dorsale naissant au-dessus de l'œil. Ligne latérale presque droite ou ne décrivant qu'une faible courbe au-dessus des pectorales.

La formule des rayons des nageoires est la suivante :

D. 110. — P. 10. — V. 5. — A. 96. — C. 26.

Ce Pleuronecte a le côté droit du corps d'un gris brunâtre plus ou moins foncé. Les nageoires sont de couleur plus claire.

Pl. 43. — PLIE A PETITE TÊTE.

Pleuronectes microcephalus. Donov., *Brit. fish.*, t. II, pl. 42. — Nilss., *Skand. Faun.*, t. IV, p. 609.
Platessa microcephalus .... Flem., *Brit., An.*, p. 198. — Yarr., *Brit. fish.*, t. II, p. 309.
Pleuronectes cynoglossus... Nilss., *Prod., Ichth. Skand.*, p. 53.
Cynoglassa microcephala... Bonap., *Cat. poiss. Eur.*, p. 48.
Microstomus latidens ...... Gottsche, *in* Wiegm., *Arch.*, 1835, p. 150.

Smear-Dab, Lemon Dab, Smooth Dab, Angleterre.

Cette espèce qui se prend sur les côtes du nord de l'Europe, doit son nom à la petitesse de sa tête dont la longueur n'atteint pas le sixième de celle du corps qui est de forme rhomboïdale et recouvert, ainsi que la tête, de très-petites écailles. La bouche est petite, les lèvres sont épaisses et les mâchoires sensiblement égales, sont armées de dents disposées par bandes. Un certain nombre de ces organes affectent la forme d'incisives. Les yeux sont petits et séparés l'un de l'autre par une saillie assez prononcée. La ligne latérale forme un demi-cercle au-dessus des pectorales ; en arrière elle est ondulée.

Les nageoires sont écailleuses ; la formule de leurs rayons est la suivante :

D. 90. — P. 10. — V. 5. — A. 73. — C. 16.

Le côté droit de ce Pleuronecte est généralement d'un brun clair plus foncé par places. Les lèvres et le bord postérieur de l'opercule sont teintés de rouge orangé.

Pl. 44. — POLE.

Pleuronectes cynoglossus. Lin., *Syst. Nat.*, t. I, p. 456. — Nillss, *Skand. Faun.*, t. IV, p. 623. — Gunth. *Cat. fish.*, t. IV, p. 449.
Glyptocephalus saxicola.. Gottsche, *in* Wiegm., *Arch.*, 1835, p. 156.
Platessa pola........... Cuv., *Règn. Anim.* — Yarr., *Brit. fish.*, t. II, p. 315. — Bonap., *Cat. poiss. Eur.*, p. 48.

Craig-Fluke, Pole, Angleterre.

Ce Pleuronecte, qui habite les côtes du nord de l'Europe, est assez rare sur celles d'Angleterre et de France. On le trouve pendant l'hiver dans les endroits où l'eau est très-profonde. Sa chair est blanche, délicate et estimée à l'égal de celle de la Sole.

La Pole a le corps allongé et recouvert d'écailles non ciliées. Sa tête est assez forte ; sa bouche petite et ses lèvres minces. Ses mâchoires sont armées de dents serrées, en forme d'incisive, et disposées sur une rangée. Ses yeux sont assez grands et séparés l'un de l'autre par une saillie étroite.

La formule des rayons des nageoires est la suivante :

D. 109. — P. 11. — V. 7. — A. 90. — C. 19.

Cette espèce a le côté droit du corps d'un brun jaunâtre uniforme. Ses nageoires sont de même couleur.

Pl. 45. — LIMANDE.

Pleuronectes limanda. Lin., *Syst. Nat.,* t. I, p. 457. — Bloch, *Fisch. Deuts.,* t. II, p. 45. pl. 46. — Id., Schn. *syst.,* p. 145. — Lacép., t. IV, p. 621. — Nilss., *Skand. Faun.,* t. IV, p. 627. — Gunth., *Cat. fish.,* t. IV, p. 446.
Platessa limanda.... Yarr., *Brit. fish.,* 3e édit., t. I, p. 628.
Limanda limanda ... Van Bened., *Poiss. des côtes de Belg. et leurs parasites,* p. 75.
Limanda oceanica.... Bonap., *Cat. poiss. Eur.,* p. 48.

Common dab, Angleterre.

Ce Pleuronecté, assez commun dans l'Océan, la Manche et la mer du Nord, est plus rare au contraire dans la Méditerranée. Sa pêche est surtout fructueuse sur les côtes de Bretagne où elle se fait principalement à l'aide de la ligne à soutenir, et de la ligne de fond, amorcées de petits Crustacés.

La Limande fraye pendant les mois de mai et de juin, et elle se nourrit de petits poissons, de Crustacés et de Mollusques.

Sa chair, blanche et délicate, est supérieure à celle de la Plie franche et son corps, de forme rhomboïdale, est recouvert d'écailles petites et ciliées. On trouve de semblables organes, mais plus petits, sur les joues et sur la partie supérieure de la tête.

La bouche est peu fendue, et les mâchoires, dont l'inférieure dépasse un peu la supérieure, sont armées de dents courtes, serrées et tranchantes.

Les yeux sont assez grands et séparés par une crête peu prononcée.

La nageoire dorsale qui commence au-dessus de l'œil, laisse entre sa terminaison et la caudale un espace assez grand. Les pectorales et les ventrales sont peu développées; l'anale qui a la même forme que la dorsale, en a aussi la même hauteur. La caudale est grêle et allongée.

La formule des rayons qui constituent ces nageoires est la suivante :

D. 76. — P. 11. — V. 6. — A. 57. — C. 14.

Le côté droit de ce Pleuronecte est d'un brun pâle uniforme; son côté gauche est blanc.

Pl. 46. — FLET.

Passer fluviatilis .. Bellon, *de Aquat.*, p. 144.
Pleuronectes flesus, Lin., *Syst. Nat.*, t. I, p. 457. — Bloch, Schn., p. 146. — Lacép.,
       t. IV, p. 633. — Nilss., *Skand. Faun.*, t. IV, p. 618. — Cuv.,
       Règn. Anim., t. II, p. 339. — Gunth., *Cat. fish.*, t. IV, 450. —
       Blanch., *Poiss. des eaux douces de France*, p. 20.
Platessa flesus..... Flem., *Brit. An.*, p. 198. — Yarr., *Brit. fish.*, 3ᵉ édit., t. I, p. 612.
       — Bonap., *Cat. poiss. Eur.*, p. 48.

Sandskraa, Norwége. — *Flundra*, Suède. — *Flynder*, Danemark. — *Flounder*, Angleterre. — *Bütt, Flunder*, Allemagne. — *Bot, Boje*, Flandre.

Ce poisson auquel certains auteurs ont donné le nom d'Oiseau de rivière (*Passer fluviatilis*), remonte de la mer dans les eaux douces, et pénètre quelquefois à de grandes distances de l'embouchure des fleuves dans l'intérieur des terres. On cite des Flets qui ont été pris, soit dans Meuse, aux environs de Metz, soit dans la Seine, la Loire, etc., à plusieurs kilomètres de l'embouchure de ces différents cours d'eau ; dans le Rhin, près de Mayence, dans la Tamise, etc., etc.

Le Flet habite la Baltique, la mer du Nord, la Manche et l'océan Atlantique ; il porte sur les côtes de France les noms de *Fletelet, Flondre, Fléton, Moineau de mer, Picaud*, et sa chair, quoique blanche et délicate, est pourtant moins recherchée que celle de la Plie. Il se nourrit d'insectes, de mollusques et de vers, et peut atteindre une taille assez considérable. On en pêche en effet qui pèsent de quatre à cinq livres ; mais sa taille la plus ordinaire est de quinze à vingt centimètres. Sa pêche se fait à l'aide de la *Drague* et de la *Truble ;* on le prend aussi à la ligne amorcée de petits vers.

Le corps de ce poisson ressemble beaucoup à celui de la Plie, mais il est plus allongé et recouvert d'écailles fort petites, que l'on retrouve également sur les joues. La ligne latérale qui s'étend en ligne presque droite de la tête à la partie postérieure du corps est constituée par une série de petits tubes, au-dessus et au-dessous desquels on voit une rangée de petits tubercules étoilés.

La tête du Flet est forte, et ses yeux assez grands, sont déviés tantôt du côté droit, tantôt du côté gauche. Ils sont séparés l'un de l'autre par une crête peu élevée. La bouche est petite, et les mâchoires, dont l'inférieure dépasse la supérieure, sont armées de dents, petites, nombreuses et obtuses.

La formule des rayons des nageoires est la suivante :

D. 58 à 60. — P. 11. — V. 6. — A. 38 à 45. — C. 14 à 18.

Le Flet a tout le côté du corps vers lequel sont déviés les yeux, d'un brun foncé à reflets verdâtres ; ils présentent généralement des marbrures noirâtres, mais cette coloration varie avec la nature de l'eau et celle du fond ; on voit certains sujets présenter des taches d'un rouge orangé assez semblables à celles que l'on voit sur le corps de la Plie, mais elles sont cependant moins distinctes. Les nageoires de ce poisson sont en général d'une coloration plus pâle que celle du corps.

PLANE.

Pleuronectes flesus.. Var. Delaroche, *Ann. Mus.,* t. XIII, 1809, p. 357.
Platessa passer...... Bonap., *Faun. Ital.* — Id., *Cat. poiss. Eur.,* p. 48. — Costa,
               Faun. Nap., t. II, p. 7. — Canest., *Arch. Zool.,* t. I, p. 8,
               pl. 1, fig. 1.
Pleuronectes italicus. Gunth., *Cat. fish.,* t. IV, p. 452.

Ce Pleuronecte, que l'on nomme *Plana* sur les plages du Languedoc où il est très-commun, se prend également en assez grand nombre sur les côtes d'Italie. Il a beaucoup d'analogie comme forme avec le Flet, mais il s'en distingue à première vue par sa ligne latérale qui est lisse, et par ses nageoires dorsale et anale qui sont moins élevées que celles de ce dernier poisson.

La Plane a le côté droit du corps d'un brun olivâtre moucheté de points plus foncés. Certains sujets présentent en outre des taches arrondies de couleur claire. Les nageoires sont d'un brun pâle et présentent également des macules foncées.

La formule des rayons des nageoires est la suivante :

D. 64. — P. 10. — V. 6. — A. 48. — C. 19.

GENRE SOLE.

Solea, Cuvier.

Corps en général plus allongé que celui des autres Pleuronectes et recouvert d'écailles petites et cténoïdes ; museau arrondi, bouche peu fendue, contournée du côté opposé aux yeux, et armée sur la même face du corps de dents en velours. La branche des mâchoires située du côté des yeux n'a aucune dent.

Nageoire dorsale commençant au-dessus de la bouche et s'étendant, ainsi que l'anale, jusqu'à la caudale dont elles sont cependant distinctes.

La ligne latérale de ces poissons ne décrit pas de courbe au-dessus des pectorales.

Les Soles qui habitent les côtes de l'Europe peuvent être divisées en trois groupes principaux :

Le premier de ces groupes, qui comprend la Sole vulgaire, la Sole de Klein, la Sole ocellée, la Sole orangée et la Sole Lascaris, est caractérisé par deux nageoires pectorales de grandeur moyenne.

Le second groupe dans lequel il faut ranger la Sole panachée, la Sole jaune et la Solenette, a encore deux nageoires pectorales, mais elles sont beaucoup plus petites.

Le troisième groupe qui ne renferme qu'une seule espèce,

la Sole monochire, n'est pourvu que d'une seule pectorale. Cette nageoire se trouve sur le côté du corps où sont situés les yeux.

Le quatrième groupe n'est pas représenté sur nos côtes, il comprend des poissons complétement dépourvus de pectorales.

Pl. 47. — SOLE VULGAIRE.

Buglossus solea... Bell., *de Aquat.*, p. 145.— Rondel., t. XI, ch. ii, p. 320.— Gesn.,
     Aquat, t. IV, p. 666. — Villugh., *Hist. Pisc.*, p. 100, pl. F, 7.
Pleuronectes solea. Lin., *Syst. Nat.*, t. I, p. 457. — Brun., *Icht. Mass.*, p. 34. —
     Bloch, Schn., p. 146. — Lacép., t. IV, p. 623. — Donov., *Brit.
     fish.*, t. III, pl. 52. — Cuv., *Règn. Anim.*, t. II, p. 342.
Solea vulgaris.... Risso, *Eur. Mérid.*, t. III, p. 247. — Yarr., *Brit. fish.*, 2e édit.,
     t. II, p. 347 — Bonap., *Faun. Ital. Pesce.* — Id., *Cat. poiss.
     Eur.*, p. 50. — Nilss., *Skand. Faun.*, p. 651. — Costa, *Faun.
     Napl.*, t. II, p. 34. — Canest., *Arch. Zool.*, t. V, p. 41, pl. 4,
     fig. 2. — Gunth., *Cat. fish.*, t. IV, p. 463.

Sole, Angleterre. — *Zunge*, Allemagne. — *Tong*, Hollande. — *Tanga*, Suède. — *Tonge*, Norwége. — *Lenguato*, Espagne. — *Linguattola Linguata, Sogliola, Palaja*, Italie.

Ce poisson, qui est universellement renommé pour la délicatesse de sa chair, habite les côtes de l'Europe pendant toute l'année. Il porte différents noms sur notre littoral, on le nomme *Perdrix de mer* dans plusieurs de nos départements, *Solenn, Soualen*, en Bretagne, *Sola, Palaïga*, sur les côtes du Languedoc, Sollo, sur la côte de Nice.

La Sole se nourrit de petits poissons, de Crustacés et de Mollusques; elle fraye au printemps et dépose ses œufs sur les plages sablonneuses. Sa pêche se fait avec la ligne de fond amorcée de poissons, avec la *Fouene*, le *Filet* ou à la *Drague*. On trouve une assez grande quantité de ces poissons dans les flaques d'eau que la mer laisse à la marée basse.

Ce Pleuronecte a le corps en forme d'ovale très-allongé et recouvert d'écailles petites, ciliées et rudes au toucher. Sa tête est plus haute que longue, son museau arrondi et sa bouche petite. La mâchoire supérieure qui est plus longue que l'inférieure, est, ainsi que cette dernière, et seulement du côté opposé aux yeux, armée de dents en velours, petites et serrées.

Les yeux sont petits : l'inférieur est situé au-dessus de l'angle de la bouche; leur iris est jaune et leur pupille bleue. Les joues et l'opercule sont recouverts de petites écailles semblables à celles du corps. La ligne latérale est presque droite.

La nageoire dorsale commence au-dessus et en avant de l'œil supérieur, elle s'étend, ainsi que l'anale, très-loin sur la région caudale.

La formule des rayons des nageoires est la suivante :

D. 81. — P. 8. — V. 6. — A. 67. — C. 17.

La Sole a le côté droit du corps d'un brun jaunâtre ou olivâtre, plus foncé par places. Le côté gauche est blanc. La nageoire pectorale droite porte une tache noire, la gauche est blanche.

Le poids ordinaire de la Sole est de une à deux livres; on en prend cependant assez souvent d'un poids beaucoup plus considérable.

SOLE DE KLEIN.

Rhombus kleinii... Risso, *Eur. Mérid.*, t. III, p. 255.
Pleuronectes solea. Var. Nardo, *Prodr., Ichth. Adr.*, p. 136.
Solea kleinii...... Bonap., *Faun. Ital.*, Pesce. — Id. *Cat. poiss. Europ.*, p. 50. —
　　　　　　　Costa, *Faun. Nap.*, t. II, p. 42, pl. 46.— Canest., *Arch. zool.*,
　　　　　　　t. I, p. 34, pl. 3, fig. 5. — Gunth , *Cat. fish.*, t. IV, p. 464.

Sogliola Turca, Sfogio, Turchetto, Italie.

Ce Pleuronecte, assez commun sur les côtes d'Italie, se prend aussi aux environs de Nice. Il fréquente les eaux peu profondes et se plaît surtout au milieu des algues, ce qui rend sa capture très-difficile.

La Sole de Klein a le côté droit du corps d'un brun foncé moucheté de points obscurs. Les nageoires dorsale, anale et caudale sont bordées de noir. La pectorale droite présente en son milieu une tache noirâtre irrégulière, la gauche est blanche.

La formule des rayons des nageoires est la suivante :

D. 80. — P. 9. — V. 6. — A. 64. — C. 19.

SOLE OCELLÉE.

Solea ocellata......... Rond., t. XI, c. 12, p. 322. — Gesner, *Aquat.*, t. III, p. 667.
Willugb., p. 100, pl. F, 8, fig. 4. — Risso, *Eur. Mérid.*,
t. III, p. 248. — Bonap., *Faun. Ital.*, Pesce. — Id. *Cat.
poiss. Eur.*, p. 50. — Valenc., *in* Webb et Berth., *Poiss.
îles Canar.*, p. 84, pl. 18, fig. 2. — Costa, *Faun. Napl.*,
t. II, p. 45. — Canest., *Arch. zool.*, t. I, p. 37, pl. 4, fig. 1.
Pleuronectes ocellatus.. Lin., *Syst. Nat.*, t. I, p. 456. — Bloch, Schn., p. 147,
pl. 40. — Risso, *Ichth. Nice.*, p. 309.
Solea ocellata......... Cloquet. — Gunth., *Cat. fish*, t. IV, p. 465.

Cette espèce, qui habite la Méditerranée et que l'on prend quelquefois dans l'Océan aux environs de Madère, est signalée par Bonaparte et par Risso comme étant assez rare, soit sur les côtes d'Italie, soit sur celles de Nice. Ce dernier auteur nous apprend aussi que ce Pleuronecte parvient à un décimètre et demi de longueur, et que la femelle dépose en septembre, aux pieds des rochers, des œufs de couleur orange.

La Sole ocellée a le côté droit du corps d'un gris brunâtre ou olivâtre. Vers le milieu de cette face on remarque une grande tache noire bordée de brun, et en arrière de celle-ci quatre autres taches de même couleur et bordées d'un cercle blanc ou jaunâtre. Deux de ces taches occupent la région dorsale, les deux autres sont situées sur le ventre.

Les nageoires dorsale et anale sont de même couleur que le corps, tout en étant cependant un peu plus foncées sur leur bord libre. La pectorale droite est noirâtre à son extrémité; les ventrales sont de couleur claire et la caudale présente à sa base une bande transversale de couleur foncée.

La formule des rayons des nageoires de ce poisson est la suivante :
D. 70. — P. 5. — V. 6. — A. 58. — C. 17.

Pl. 48. — SOLE ORANGÉE.

Solea pegusa..... Yarr., *Zool. Journ.*, t. IV, p. 467, pl. 16. — Id., *Brit. fish.*, 2e édit.,
t. II, p. 351.
Solea aurantiaca. Gunth., *Cat. fish.*, t. IV, p. 467.

Lemon Sole, Angleterre.

Cette espèce, que l'on prend sur les côtes d'Angleterre et de Portugal, est plus haute en proportion que la Sole vulgaire. Ses couleurs sont assez harmonieuses : elle a en effet le côté droit du corps d'un brun clair nuancé par places de couleur orange. On remarque en outre sur cette face un nombre considérable de petites taches d'un brun foncé ; le côté gauche est. blanc. La nageoire pectorale droite présente une.tache noire à son extrémité.

Les rayons des nageoires de ce poisson sont ainsi distribués :

D. 89. — P. 8. — V. 5. — A. 66. — C. 17.

Cette Sole se plaît sur les fonds sablonneux et se prend de la même manière que la Sole vulgaire.

SOLE LASCARIS.

Pleuronectes lascaris.. Risso, *Ichth. Nice*, p. 311, pl. 7, fig. 32.
Solea lascaris........ Risso, *Ichth. Nice*, p. 313. — Gunth., *Cat. fish.*, t. IV, p. 467.
Rhombus polus....... Risso, *Ichth. Nice*, p. 480, fig. 32.
Solea scriba.......... Valenc. *in* Webb et Berth. *Poiss. îles Canar.*, p. 84, fig. 3.

Cette Sole habite la Méditerranée et les parties de l'océan Atlantique qui avoisinent le détroit de Gibraltar. On la prend quelquefois aux environs de Nice, où elle est connue sous le nom de *Sollo*, et sur les côtes du Languedoc où on la nomme *Verruga*. Sa chair passe pour être très-délicate. Ce poisson a le côté droit du corps d'un brun violacé moucheté de noir. Les nageoires dorsale et anale sont tachetées de noir, de blanc et de rouge ; la pectorale présente une tache arrondie de couleur noire et bordée de jaune.

En dehors de la coloration qui lui est particulière, ce Pleuronecte se reconnaît facilement à la forme de sa mâchoire supérieure qui recouvre l'inférieure, de manière à imiter, comme le dit Risso, le bec d'un perroquet.

La formule des rayons des nageoires est la suivante :

D. 85. — P. 7. — V. 5. — A. 64. — C. 16.

Pl. 49. — SOLE PANACHÉE.

Pleuronectes variegatus.... Donov., pl. 117.
Pleuronectes michrochirus.. Cuv., *Règn. Anim.*, t. II, p. 343.
Pleuronectes mangili....... Risso, *Ichth. Nice*, p. 310.
Pleuronectes lingula........ Penn., *Brit. zool.*, t. III, p. 313, pl. 49.
Michrochirus lingula....... Bonap., *Cat. poiss. Eur.*, p. 50.

Solea mangilii............... Bonap., *Faun. Ital.* — Canest. *Arch. zool.*, t. I, p. 29,
                                       pl. 3, fig. 3.
Monochirus lingula.......... Costa, *Faun., Napl.*, t. II, p. 50.
Monochirus linguatula..... Cuv., *Règn. Anim.*, t. II, p. 343.
Monochirus variegatus..... Yarr., *Brit. fish.*, 2ᵉ édit., t. II, p. 353.
Solea variegata............ Gunth., *Cat. fish.*, t. IV, p. 469.

Variegated Sole, Angleterre. — *Lingua di Cane, Sfogio peloso,* Italie.

Ce Pleuronecte, assez rare sur les côtes d'Angleterre, est au contraire commun sur les côtes d'Italie et sur les plages du Languedoc où il a reçu le nom de *Perpeïra.* Les pêcheurs de Nice le nomment *Sollo d'Argo* et ceux de Gênes *Lingua bastarda.*

C'est une espèce qui dépasse rarement la taille de dix à quinze centimètres en longueur et dont la chair est molle ; elle se distingue à première vue des autres Soles, en dehors de sa coloration, par la grandeur de ses écailles, par la petitesse de ses nageoires pectorales et par la forme de ses nageoires dorsale et anale, qui laissent entre elles et la caudale un espace assez considérable.

La Sole panachée a le côté droit du corps d'un brun roussâtre traversé par des bandes irrégulières de couleur sombre. Les nageoires dorsale, anale et caudale présentent également des marbrures foncées ; la pectorale droite et les ventrales sont brunes.

La formule des rayons des nageoires est la suivante :

D. 70. — P. dext. 5. Sin. 3. — V. 5. — A. 56. — C. 15.

SOLE JAUNE.

Pleuronectes luteus.. Risso, *Ichth. Nice*, p. 312.
Rhombus luteus..... Risso, *Europ. Mérid.*, t. III, p. 257.
Monochirus luteus... Costa, *Faun. Nap.*, t. II, p. 49.
Michrochirus luteus. Bonap., *Cat. poiss. Eur.*, p. 50.
Solea lutea.......... Bonap., *Faun. Ital.* — Canest., *Arch. zool.*, t. I, p. 32, pl. 3,
                                      fig. 4. — Gunth., *Cat. fish.*, t. IV, p. 469.

Sogliola gialla, Italie.

La Sole jaune habite la Méditerranée ; elle est commune sur les côtes de l'Italie, où on la confond souvent avec la Sole panachée. Elle est plus rare sur les côtes françaises, mais se prend pourtant sur le rivage de Nice, pendant le mois de juillet. Son corps est peu élevé, et sa plus grande longueur est à peine de dix ou douze centimètres. Le côté droit de ce poisson est d'un jaune uniforme, quelques-uns des rayons de la dorsale et de l'anale sont noirâtres.

Les rayons des nageoires sont ainsi distribués :

D. 70. — P. dext. 5. Sin. 3. — V. 5. — A. 56. — C. 15.

Pl. 50. — SOLENETTE.

Solea parva, s. lingula.. Rondel., t. XI, c. xv, p. 324. — Gesn., *Aquat.*, III, liv. IV,
                      p. 669. — Villugh., p. 102, pl. F, 8, fig. 1.
Michrochirus linguatulus. Thomps., *Ann. Nat. Hist.*, t. II, p. 405.— Yarr., *Brit. fish.*,
                      3ᵉ édit., p. 606.
Michrochirus lingula..... Bonap., *Cat. poiss. Eur.*, p. 50.
Solea minuta............ Gunth., *Cat. fish.*, t. IV, p. 470.

Little Sole, Angleterre.

Cette Sole, dont la taille est inférieure à celle des précédentes, est assez commune sur les côtes d'Angleterre. Elle a beaucoup d'analogie comme forme avec la Sole vulgaire, mais elle se distingue cependant de ce dernier poisson par l'étroitesse de la partie postérieure de son corps. Ses yeux sont aussi plus petits, ses pectorales moins développées, et ses nageoires dorsale et anale plus rapprochées de la caudale.

Ce Pleuronecte est d'un brun jaune à reflets rougeâtres. Sa nageoire pectorale droite est noire.

SOLE MONOCHIRE.

Pleuronectes pegusa....... . Risso, *Ichth. Nice,* p. 130.
Monochir pegusa........... Risso, *Eur. Mér.*, t. III, p. 257, fig. 33.
Monochirus hispidus........ Bonap., *Cat. poiss. Eur.*, p. 50.
Pleuronectes trichodactylus. Nardo, *Prodr. Adr. Ichth.*, n° 138.
Solea monochir........... Bonap., *Faun. ital.*— Gunth., *Cat. poiss. Eur.*, p. 470.

Peloso, Italie.

Ce Pleuronecte, qui porte à Nice le nom de *Solo di rocco,* est rare sur les côtes d'Italie; on le prend aussi dans l'Adriatique, aux environs de Venise. Il dépasse rarement la longueur de douze centimètres, et se distingue à première vue des autres Soles, par la forme de ses écailles qui sont rigides et rendent tout le corps du poisson très-âpre au toucher, par la grosseur des rayons de ses nageoires dorsale et anale, qui sont revêtus de nombreuses écailles, par l'allongement de sa pectorale droite, et enfin par l'absence de pectorale du côté gauche.

La partie droite du corps de ce poisson est d'un brun foncé parsemé de taches noires disposées sans ordre, qui, en se réunissant par places, tendent à former des bandes verticales irrégulières. Les nageoires dorsale et anale portent également des taches foncées; la pectorale a l'extrémité de ses rayons noirâtres et la caudale présente une bande noire à sa base.

ORDRE

DES

MALACOPTÉRYGIENS

APODES

FAMILLE DES MURÉNIDÉS.

MURÆNIDÆ

La famille des Murénidés, dont nous avons décrit le genre Anguille dans le premier volume de cet ouvrage, renferme un grand nombre de poissons, les uns habitant les eaux douces, les autres vivant dans la mer; d'autres enfin fréquentent alternativement la mer et les fleuves.

Les Murénidés ont pour caractères principaux d'avoir le corps allongé, cylindrique, lisse ou pourvu dans l'épaisseur de la peau d'écailles rudimentaires.

Leurs nageoires dorsale et anale sont distinctes de la caudale ou réunies à cette nageoire. Les ventrales sont nulles, et leurs pectorales, peu développées, manquent quelquefois.

La plupart des espèces sont dépourvues de vessie natatoire; toutes manquent d'appendices pyloriques.

Leurs ouvertures branchiales sont quelquefois assez larges, le plus souvent petites.

GENRE CONGRE.

Conger, Cuvier.

Corps très-allongé et lisse.

Tête longue; mâchoire supérieure dépassant l'inférieure, et toutes deux armées de dents disposées par séries et en bande. OEil assez grand.

Ouverture des ouïes large.

Nageoire dorsale commençant en arrière et assez près des pectorales qui sont assez développées.

Pl. 51. — CONGRE VULGAIRE.

Murœna conger.. Lin., *Syst. nat.,* t. I, p. 426. — Bloch, Schn., p. 487. — Lacép.,
     t. II, p. 268. — Risso, *Ichth. Nice,* p. 92. — Nilss., *Skand. Faun.,*
     t. IV, p. 680. — Cuv., *Règne Anim.,* t. II, p. 350.
Anguilla conger.. Turt., *Brit. Faun.,* p. 87. — Flem., *Brit. Ann.,* p. 200.
Conger vulgaris.. Yarr., *Brit. fish.,* 3ᵉ édit., t. I, p. 68. — Bonap. *Cat. poiss., Europ.,*
     p. 38.
Conger niger..... Risso, *Ichth. Nice,* p. 93. — Id. *Europ. Mérid.,* t. III, p. 201
Conger verus..... Risso, *Eur. Mérid.,* t. III, p. 201.
Conger communis. Costa, *Faun. Nap.*

Conger, Angleterre. — *Meeraal,* Allemagne. — *Congeraal,* Hollande. —
     Zeepaling, Kongerael, Flandre. — *Congrio,* Espagne. — *Grongo,*
     Brunco, Grongu, Italie.

Le Congre, que l'on nomme aussi *Anguille de mer*, est un poisson dont le corps peut atteindre jusqu'à quatre mètres en longueur. On le trouve dans presque toutes les mers chaudes et tempérées du globe, et il est assez abondant sur nos côtes de l'ouest de l'Europe ainsi que dans la Méditerranée. Sur les plages du midi de la France on le nomme *Coungré* et *G—oun nègre.*

La chair de ce poisson, quoique fade et lourde, est assez recherchée sur nos marchés où son prix n'est pas très-élevé.

Le Congre est très-vorace; il se nourrit de petits poissons, de Crustacés et de Mollusques gastéropodes et céphalopodes; il se plaît généralement dans les fonds vaseux et sa pêche se fait au *filet*, à la *trouble* ou à la *ligne de fond*. Sa ponte a lieu pendant l'hiver.

Ce poisson, dont le corps rappelle exactement par sa forme celui de l'anguille, a la tête longue et aplatie ; sa région caudale est comprimée. Ses deux mâchoires, dont la supérieure est la plus longue, sont armées de dents fortes, aiguës et disposées par séries formant une bande. On remarque de semblables organes sur le vomer.

La tête est garnie de nombreux pores muqueux ; les yeux sont grands et l'ouverture des ouïes large.

La ligne latérale est presque droite.

La nageoire dorsale commence en arrière de la terminaison des pectorales, elle est peu élevée et ses rayons sont très-nombreux : on peut en compter près de trois cents. Cette nageoire se confond, ainsi que l'anale, avec la caudale ; les pectorales, assez développées, ont quinze rayons.

Le Congre a les parties supérieures du corps d'un brun plus ou moins pâle, ses flancs sont plus clairs, son ventre est blanc. Les nageoires dorsale et anale sont de couleur pâle à leur base, noirâtres sur leur bord libre. On a remarqué depuis longtemps que les Congres des côtes de l'Océan étaient beaucoup plus sombres en couleur que ceux de la Manche et de la mer du Nord.

CONGRE DES BALÉARES.

Murœna balearica.......... Delaroche, *An. Mus.*, t. XIII, 1809, p. 327.
Murœna cassini .... Risso, *Ichth. Nice*, p. 91. — Id. *Eur. Mérid.*, t. III, p. 203.
Conger auratus............. Costa, *Faun. Napl.*, pl. 29.
Conger microstomus........ Castel., *Ann. Amér.*, p. 83, pl. 43, fig. 4.
Conger murœna balearica... Kaup, *Apod.*, p. 110.
Conger balearicus.......... Bonap., *Cat. poiss. Europ.*, p. 38.
Conger murœna balearica... Gunth., *Cat. fish.*, t. VIII, p. 41.

Ce poisson, qui habite la Méditerranée, se prend aussi sur les côtes de l'Amérique tropicale que baigne l'océan Atlantique. Il est assez commun aux environs de Nice où les pêcheurs le nomment *Ugliassou;* on le prend surtout dans ces parages en février et en juillet.

Le corps de ce Congre est allongé, cylindrique et dépourvu d'écailles. Sa tête, qui est grande, présente dans sa région frontale un nombre considérable de pores muqueux; sa bouche est petite, son museau pointu et ses yeux bien développés. Les mâchoires sont armées de dents très-fines disposées par bandes; on trouve aussi de ces organes sur le vomer. La ligne latérale est droite. La nageoire dorsale commence au-dessus de l'ouverture des ouïes, et se réunit ainsi que l'anale à la caudale.

La formule des rayons des nageoires est la suivante :

D. 219. — P. 18. — A. 143. — C. 36.

Les parties supérieures du corps de cette espèce sont d'un gris blanchâtre traversé par une bande argentée, qui diminue de largeur dans la région caudale. Le ventre est blanc. Les pectorales et la caudale sont bordées de noir.

CONGRE MYSTAX.

Murœna mystax......... Delaroche, *Ann. Mus.*, t. XIII, 1809, p. 328, fig. 10. — Risso, *Eur. Mérid.*, t. III, p. 203.
Conger murœna mystax. Kaup, *Apod.*, p. 110.
Conger mystax .... Bonap., *Cat. poiss. Europ.*, p. 38.
Conger murœna mystax. Gunth., *Cat. fish.*, t. VIII, p. 43.

Espèce propre à la Méditerranée, assez commune sur les côtes du Languedoc et que les pêcheurs de cette région nomment *Coungrè-Démoueïzèla*. Elle a beaucoup d'analogie avec la précédente, mais s'en distingue cependant par la longueur de son maxillaire supérieur qui dépasse de beaucoup l'inférieur; la lèvre supérieure est aussi plus épaisse. La région caudale est beaucoup plus longue que celle des Congres précédents.

CONGRE MYRE.

Murœna myrus. Lin., *Syst. Nat.*, t. I, p. 426. — Lacép., t. II, p. 265. — Bloch, Shn., p. 488. — Risso, *Ichth. Nice*, p. 90. — Cuv., *Règn. Anim.*, t. II, p. 350.
Conger myrus.. Risso, *Europ. Mérid.*, t. III, p. 202. — Costa, *Faun. Nap.* — Bonap., *Cat. poiss. Europ.*, p. 38.
Myrus vulgaris. Kaup, *Apod.*, p. 31, fig. 14. — Gunth., *Cat. fish.*, t. VIII, p. 50.

Salixi, Italie.

Cette espèce appartient à la Méditerranée, et se prend sur toute l'étendue de nos côtes baignées par cette mer; on la prend aussi dans le voisinage d'Alger. A Nice on la nomme *Moruo;* sur les plages du Languedoc elle porte le même nom que la précédente.

Elle se distingue des autres Congres par sa nageoire dorsale qui commence au-dessus des pectorales et par le peu de longueur des rayons de sa caudale.

Le Congre myre, qui parvient à la longueur de quarante centimètres, se prend sur nos côtes en mai et en août. Son corps est verdâtre en dessus, blanc jaunâtre en dessous. La partie supérieure de la tête présente plusieurs raies blanchâtres, et l'on remarque en avant des pectorales quelques points grisâtres.

Les nageoires verticales sont blanches et bordées d'un liséré noir.

GENRE NETTASTOME.

Nettastoma, RAFINESQUE.

Corps lisse, allongé et très-effilé dans sa région caudale. Museau très-proéminent, bouche grande, mâchoire supérieure dépassant l'inférieure et armée ainsi que cette dernière de dents en carde disposées par bandes. Vomer également pourvu de ces organes.

Nageoire dorsale, commençant en arrière de l'ouverture des ouïes et se réunissant ainsi que l'anale à la caudale.

Pas de nageoires pectorales.

Une vessie natatoire.

NETTASTOME SORCIÈRE.

Nettastoma melanura... Rafinesque. — Kaup, *Apod.*, p. 119, fig. 75. — Bonap., *Cat. poiss. Europ.*, p. 39.
Murœnophis saga....... Risso, *Ichth. Nice*, p. 370, pl. 10, fig. 39. — Id., *Eur. Mérid.*, t. III, p. 193.
Nettastoma melanurum. Gunth., *Cat. fish.*, t. VIII, p. 48.

Ce poisson, que l'on nomme *Masca* sur la côte du département des Alpes-Maritimes, est propre à la Méditerranée. Son corps est lisse, allongé, arrondi et effilé dans sa région caudale. Son museau est très-proéminent et ses mâchoires, dont la supérieure est beaucoup plus longue que l'inférieure, sont armées de dents en carde disposées par bandes. L'ouverture des ouïes est peu fendue. Les nageoires dorsale et anale se joignent à la caudale qui se termine en pointe. La première de ces nageoires commence immédiatement en arrière de l'ouverture des ouïes. Il n'y a pas de nageoires pectorales.

Le corps du Nettastome, suivant Risso, est d'un brun châtain, varié de bleu, de gris et de rouge ; la tête est d'un bleu de plomb, ses yeux ont leur iris argenté et la prunelle bleuâtre. Les mâchoires sont rougeâtres. Les nageoires sont nuancées de bleu d'outre-mer et présentent un liséré noirâtre à leur partie postérieure.

Cette espèce est pourvue d'une vessie natatoire. Sa chair, suivant Risso, est blanche et d'une odeur très-forte.

GENRE OPHISURE.

Ophisurus, LACÉPÈDE.

Corps allongé, cylindrique et très-effilé dans sa région caudale.

Dents d'inégale grandeur aux mâchoires. Celles de l'intermaxillaire, de la partie antérieure du maxillaire inférieure et du vomer sont caniniformes.

Nageoires dorsale et anale basses et ne s'étendant pas sur toute la région caudale.

Pas de nageoire caudale.

Nageoires pectorales très-petites.

OPHISURE SERPENT.

Serpens marinus... Salv., p. 57-58. — Bellon, *de Aquat.*, p. 156. — Rondel., p. 409. — Willugh., p. 107, pl. G. 4.
Murœna serpens ... Lin., *Syst. Nat.*, t. I, p. 425.
Ophisurus serpens.. Lacép., t. II, p. 198. — Costa, *Faun. Nap.*, pl. 28, fig. 1, 2. — Kaup, *Apod.*, p. 7. — Cuv., *Règn. Anim.*, t. II, p. 351. — Bonap., *Cat. poiss. Europ.*, p. 39.
Ophichthys serpens. Gunth., *Cat. fish.*, t. VIII, p. 65.

Serpe di mare, Italie.

Ce singulier poisson, que l'on rencontre assez souvent dans la Méditerranée et dans les parties de l'Atlantique voisines du détroit de Gibraltar, est commun sur les côtes d'Italie ; il est rare au contraire sur nos plages de Languedoc où on le désigne sous le nom de *Sèr dè mar*. Ses noms les plus communs sont ceux de *Serpent de mer, Murène serpent, Serpent marin,* etc. Ses mouvements sont très-rapides, et sa locomotion ressemble tout à fait à celle des Ophidiens. Sa taille est quelquefois assez considérable, elle atteint généralement deux mètres, quant à sa grosseur elle est à peu près égale à celle du bras.

Le corps de ce poisson est très-allongé, cylindrique et très-effilé dans sa région caudale qui, dépourvue de nageoires, se termine en pointe mousse.

Le museau est grêle, la bouche largement fendue, et l'orifice postérieur des narines ouvert près de la lèvre supérieure.

L'œil est de grandeur moyenne.

Les dents qui arment les mâchoires sont d'inégale grandeur, celles des intermaxillaires de la partie antérieure de la mâchoire inférieure et du vomer sont caniniformes. Les rayons branchiostéges sont au nombre de vingt.

Les nageoires dorsale et anale se terminent avant d'arriver à l'extrémité postérieure du corps du poisson et sont peu élevées ; les pectorales sont très-petites.

Ce poisson a le corps brun en dessus, argenté en dessous ; ses nageoires dorsale et anale sont lisérées de noir.

On trouve encore dans les mers de l'Europe et jusque dans l'Océan indien, une autre espèce d'Ophisure, mais elle est beaucoup plus rare, c'est l'*Ophisurus ophis* de Lacépède et la *Muræna maculosa* de Cuvier. Ce poisson se distingue du précédent par les taches rondes ou ovales qui parsèment son corps.

GENRE MURÈNE.

Muræna, Thunberg.

Corps allongé, cylindrique et lisse.

Museau conique, bouche largement fendue et armée de dents fortes et pointues disposées sur une ou plusieurs rangées.

Ouverture branchiale très-petite.

Nageoires dorsale et anale se réunissant dans la région caudale, pas de nageoires pectorales.

Vessie aérienne petite.

Pl. 52, fig. 1. — MURÈNE HÉLÈNE.

Muræna helena.... Lin, *Syt. Nat.*, t. I, p. 425. — Brunn., *Pisc. Mass.*, p. 11. — Bloch, pl. 152. — Risso, *Ichth. Nice*, p. 366. — Id., *Europ. Mérid.*, t. III, p. 189. — Costa, *Faun. Nap.* — Yarr., *Brit. fish.*, 3e édit., t. I, p. 73. — Cuv., *Règn. Anim.*, t. II, p. 352. Bonap., *Cat. poiss. Eur.*, p. 39. — Guich., *Expl. Alg., poiss.*, p. 114. — Gunth., *Cat. fish.*, t. VIII, p. 96.

Murænophis helena. Lacép., t. V, p. 631.

Muræna romana.. Shan., *Gen. Zool.*, t. IV, p. 26.

Murina, Italie.

La Murène, qui est rare sur nos côtes françaises de la Méditerranée, est plus commune au contraire sur celles de l'Italie; on la prend aussi dans l'océan Atlantique, aux environs de Madère.

Ces poissons étaient connus dès la plus haute antiquité, et les Romains, qui estimaient leur chair, consacraient des sommes énormes à l'entretien des viviers destinés à les élever. La Murène a le corps allongé, arrondi, antérieurement comprimé et peu élevée dans la région caudale; il est dépourvu d'écailles.

La tête est petite, la bouche grande, le museau effilé et les mâchoires garnies de dents longues, recourbées et pointues. Le vomer porte également de ces organes. Les yeux qui sont petits, et dont l'iris, est d'un bleu grisâtre, sont surmontés de deux appendices membraneux. L'ouverture des ouïes est très-petite.

La nageoire dorsale, qui règne sur toute la longueur du dos, se rejoint par la caudale à l'anale qui commence en arrière de l'anus dont l'orifice se trouve à la partie médiane de la région ventrale. Ces nageoires sont épaisses et leurs rayons difficiles à compter. Il n'y a pas de pectorales.

La partie antérieure du corps de ce poisson est d'un brun jaunâtre, parsemé de points noirs; la partie postérieure est rougeâtre. Tout le corps est parcouru de taches irrégulières plus ou moins foncées, généralement bleuâtres, pourpres ou brunes; mais cette coloration varie beaucoup suivant l'âge, le sexe et l'époque de l'année où l'on examine le poisson.

Citons encore la Murène Cristine, *Muræna Cristini*, de Risso, qui a le corps brun fauve teinté de rouge et parcouru par des lignes ondulées obscures. Elle est assez rare sur nos côtes du Languedoc.

Enfin la Murène fauve, *Muræna fulva*, qui a le corps de couleur fauve clair, avec de larges bandes brunes.

La taille de ces poissons est à peu près celle de la Murène Hélène. Ceux que l'on prend généralement pèsent un kilogramme. Leur chair est blanche et agréable.

Pl. 52, fig. 2. — LEPTOCÉPHALE DE SPALLANZANI.

Leptocephalus morisii ..... Lin, *Gm. Syst. Nat.*, t. I, p. 1150. — Bloch, Schn., p. 133, pl. 108, fig. 2. — Kaup, *Apod.*, p. 147. — Gunth., *Cat. fish.*, t. VIII, p. 139. — Bonap., *Cat. poiss. Eur.*, p. 40.
Leptocephalus spallanzanii. Risso, *Europ. Mérid.*, t. III, 205. — Id., *Ichth. de Nice*, p. 85, 205. — Kaup, *Apod.*, p. 147, fig. 7.

Nous ne ferons que signaler ici le Leptocéphale de Spallanzani que beaucoup d'auteurs considèrent comme un état larvaire du Congre ordinaire.

M. Gunther ne partage pas cette opinion, et pense que ce sont des individus anormaux arrêtés dans leur développement. Voici les caractères qu'il donne à ces singuliers êtres :

Corps comprimé et dont la hauteur est à peu près égale à la longueur de la tête. Le corps est quelquefois plus long que la queue, la queue, au contraire, l'emporte quelquefois en longueur sur le corps. L'extrémité de cette région est généralement arrondie. Museau obtus, œil grand, langue distincte, nageoires pectorales développées, mâchoires pourvues de petites dents ou dépourvues de ces organes. Corde dorsale sans ossification. Ces poissons se trouvent sur les côtes de l'Europe; il y en a aussi en Australie.

ORDRE

DES

LOPHOBRANCHES

FAMILLE DES SYNGNATHIDÉS.

SYNGNATHIDÆ.

Cette famille renferme un assez grand nombre de poissons tous remarquables par leur forme ; ils habitent les régions tempérées et tropicales et leurs espèces forment plusieurs genres dont les principaux sont : les genres Siphonostome, Syngnathe , Nérophis et Hippocampe.

Les Syngnathidés ont le corps généralement allongé et pourvu d'une nageoire dorsale ; ils manquent de ventrales et quelquefois d'une ou plusieurs des autres nageoires.

Leur tête se termine par un museau allongé, à l'extrémité duquel se trouve la bouche. Leurs ouvertures branchiales sont très-petites, situées vers la nuque, et leurs branchies, au lieu d'être disposées sous la forme de dents de peignes, sont disposées en houppes, le long des arcs branchiaux.

Les mâles portent les œufs de leurs femelles, dans une poche située chez les uns dans la région ventrale, chez les autres, dans la région caudale ; quelquefois ces œufs sont simplement appliqués contre le corps par un enduit blanchâtre.

GENRE SIPHONOSTOME.

Siphonostoma, RAFINESQUE.

Corps très-allongé, très-effilé dans sa région caudale, anguleux et recouvert de plaques annulaires.

Museau long, mâchoires formant un sorte de tube à l'extrémité duquel se trouve la bouche qui est petite et fendue obliquement de haut en bas, ce qui a valu à ces poissons le nom de Siphonostomes.

Nageoire dorsale assez développée, pectorales petites, anale réduite à un petit nombre de rayons, caudale en pointe rhomboïdale.

Les mâles présentent dans la région caudale une poche où la femelle dépose ses œufs.

Pl. 53. — SIPHONOSTOME TYPHLE.

Syngnathus typhle..... Lin., *Syst. Nat.,* t. I, p. 416. — Donov., *Brit. fish.,* t. III. pl. 56. — Yarr., *Brit. fish.,* t. II, p. 406. — Risso, *Ichth.,* Nice, p. 62. — Id., *Eur. Mérid.,* t. III, p. 178.
Siphonostomus pyrois . Kaup, *Lophobr.,* p. 48.
Siphonostoma typhle... Bonap., *Cat. poiss. Eur.,* p. 89. — Gunth., *Cat. fish.,* p. 154. — Dum., *Lophobr.,* p. 576.

Broad-nosed Pipe fish, Angleterre. — *Agu burda,* Italie.

Ce poisson se trouve sur toutes les côtes de l'Europe ; il est surtout abondant sur celles de Suède et de Norwége. Son corps est très-allongé et extrêmement grêle dans sa région caudale, son museau est long, très-comprimé et pourvu supérieurement d'une carène médiane. Les yeux sont développés, et l'espace interorbitaire concave. Les opercules sont striés, et la bouche située à l'extrémité du tube formé par les mâchoires, est petite et fendue obliquemement de haut en bas.

La nageoire dorsale, reportée très en arrière, est de peu de hauteur ; elle est formée par trente-neuf rayons et son origine se trouve sur une verticale qui passerait un peu en avant de l'anus. Cette nageoire occupe l'espace compris entre les derniers anneaux du tronc et les sept premiers de la queue.

Les anneaux qui recouvrent le corps sont au nombre de dix-huit à vingt, et ceux de la région caudale de trente-cinq à trente-huit. Les pectorales, très-petites, ont quinze rayons, les ventrales n'existent pas, l'anale a trois rayons, et la caudale, pointue, en a dix.

Les parties supérieures du corps et les flancs de ce poisson sont d'un gris olivâtre moucheté de jaune brun; le ventre est plus clair.

Le mâle diffère de la femelle par sa région abdominale qui est élargie et présente une fente allongée munie de deux petits voiles membraneux qui, en se rapprochant, forment une poche où la femelle loge ses œufs.

GENRE SYNGNATHE.

Syngnathus, ARTEDI.

Corps grêle; museau tubuleux, à son extrémité se trouve la bouche qui est très-petite et fendue très-obliquement.

Trou branchial reporté vers la nuque.

Nageoire dorsale opposée à l'anus. Nageoires pectorales et caudale bien développées.

Mâle présentant une poche incubatrice.

Pl. 54. — AIGUILLE DE MER.

Syngnathus acus..... Lin., *Syst. Nat.*, t. I, p. 416. — Bloch, pl. 91, fig. 2. — Lacép., t. II, p. 39, pl. 2, fig. 1. — Bloch, Schn., p. 414. — Yarr., *Brit. fish.*, t. II, p. 325. — Kaup, *Loph.*, p. 41. — Dum., *Loph.*, p. 552. — Gunth., *Cat. fish.*, t. VIII, p. 157.
Syngnathus rubescens. Risso, *Ichth. Nice*, p. 66. — Id., *Europ. Mérid.*

Windsteur, Hollande, — *Great Pipe Fish, Tangle-fish*, Angleterre. — *Agu burda*, Italie.

Ce Lophobranche que l'on trouve dans la mer Noire, la Méditerranée

et dans l'océan Atlantique, depuis le Cap de Bonne-Espérance jusqu'en
Norwége, est assez abondant sur nos côtes. Il se nourrit de vers, de
mollusques, de petits crustacés et d'œufs de poissons. On le désigne
sur les côtes de Languedoc sous le nom d'*Agúia,* à Nice, sous celui de
Cavao, nom qu'on donne aussi aux autres espèces de ce genre.

Le corps de l'Aiguille de mer est grêle et allongé. Sa tête mesure le
septième de la longueur totale du poisson et les anneaux qui entourent
le corps sont au nombre de soixante-cinq ou soixante-six. Le museau est
effilé et la bouche très-petite, est fendue obliquement. L'œil est assez
grand ; au-dessus de lui on remarque une crête qui se continue dans la
région temporale.

La formule des rayons des nageoires est la suivante :

D. 40 ou 41. — P. 12. — A. 4. — C. 10.

Les nageoires dorsale et caudale sont bien développées.

Comme dans le genre précédent, le mâle est pourvu d'une poche
abdominale pour l'incubation des œufs.

Les couleurs de ce poisson sont les suivantes :

Corps d'un brun pâle, pourvu de bandes annulaires plus foncées.

SYNGNATHE PHLEGON.

Syngnathus phlegon... Risso, *Europ. Mérid.,* t. III, p. 181. — Kaup, *Loph.,* p. 41.
           — Gunth., *Cat. fish.,* t. VIII, p. 156. — Duméril, *Loph.,*
           p. 551.
Syphonostoma phlegon. Bonap., *Cat. poiss. Eur.,* p. 90.

Espèce propre à la Méditerranée et aux parties de l'Atlantique
voisines de cette mer. On la prend aux environs de Nice. Le corps
du Syngnathe phlegon, très-grêle et très-comprimé, est entouré par
cinquante-sept anneaux environ qui présentent cette particularité, d'être
dentelés sur leurs arêtes. La tête, dont la longueur est le septième de
celle du corps, présente aussi des dentelures.

La formule des rayons des nageoires est la suivante :

D. 40 ou 42. — P. 16. — A. 3. — C. 10.

Le corps de ce poisson est d'un bleu céleste sur le dos, son ventre
et ses flancs sont blancs.

La poche du *mâle* est située sous le trente-quatrième anneau de la
queue.

On trouve encore sur les côtes de Nice une autre espèce de Syngnathe, le *Syngnathus abaster* de. Risso; il est caractérisée par la
brièveté de son museau qui est surmonté d'une crête en forme de
feuille.

GENRE NÉROPHIS.

Nerophis, RAFINESQUE.

Corps lisse, allongé et filiforme surtout dans sa région
caudale.

Pas de nageoires pectorales; caudale absente ou rudimentaire; ni anale, ni ventrale.

Mâles pourvus comme dans les genres précédents d'une
poche incubatrice, mais moins bien conformée.

Pl. 55, fig. 1 et 2. — NÉROPHIS ÉQUORÉEN.

Syngnathus œquoreus. Lin., *Syst. Nat.*, t. I, p. 417. — Yarr., *Brit. fish.*, 3ᵉ édit., t. II,
        p. 409. — Risso, *Ichth. Nice*, p. 66. — Bonap., *Cat. poiss.*
        Europ., p. 90.
Nerophis œquoreus.... Kaup, *Loph.*, p. 66. — Gunth., t. VIII, p. 191.
Entelurus œquoreus... Dum. *Loph.*, p. 605.

Ocean Pipe-fish, Snake Pipe-fish, Angleterre. — *Adder Zeenaald,*
        Hollande.

Cette espèce, propre à l'océan Atlantique, à la Manche et à la mer
du Nord, se distingue facilement des autres Syngnathidés décrits
jusqu'à présent, par son corps qui est lisse, arrondi, et dont les crêtes
sont peu apparentes. Elle manque en outre de nageoires pectorales et
de nageoire anale.

La tête est courte et comprise douze fois dans la longueur totale
du poisson. Les anneaux qui recouvrent le corps sont au nombre de
vingt-neuf ou trente pour la région dorsale, de soixante-huit à soixante-
dix pour la région caudale.

La nageoire dorsale s'étend du neuvième anneau dorsal au quatrième de la queue ; elle a de trente-huit à quarante rayons. La caudale en a six.

Ce poisson a le corps d'un brun rougeâtre à reflets dorés ; il est parcouru par des bandes transversales blanches et bordées de noir.

Chez le mâle, la poche des œufs est moins apparente que dans les genres précédents. La femelle a un rudiment de nageoire caudale.

Pl. 56, fig. 1. — NÉROPHIS LUMBRIC.

Syngnathus lumbriciformis. Yarr., *Brit. fish.*, t. II, p. 450.
Nerophis lumbriciformis... Kaup, *Loph.*, p. 69. — Bonap., *Cat. poiss. Eur.*, p. 91.
    — Gunth., *Cat. fish.*, t. VIII, p. 193. — Dum., *Loph.*,
    p. 604.

Worm Pipe-fish, Angleterre.

Ce petit poisson, dont la taille ne dépasse pas cinq ou six pouces en longueur, est assez répandu sur les côtes de l'Europe. Son corps est grêle, allongé et lisse. Sa tête est contenue treize fois dans la longueur totale et son museau très-court, est relevé à sa pointe. Il manque de nageoires pectorales, anale et caudale ; quant à la dorsale qui est assez développée et occupe le tiers antérieur du corps, elle a vingt-six rayons. Les anneaux sont au nombre de dix-huit à dix-neuf pour la région antérieure du corps, de cinquante à cinquante-cinq pour la partie postérieure.

Ce poisson se tient habituellement sous les pierres. Sa couleur est d'un vert olive foncé, sa tête présente des marbrures brunes que l'on retrouve quelquefois sur le corps.

Pl. 56, fig. 2. — NÉROPHIS OPHIDION.

Syngnathus ophidion. Lin., *Syst. Nat.*, t. I, p. 417. — Lacép., t. II, p. 48. — Bloch,
    Schn., p. 515. — Yarr., *Brit. fish.*, 8e édit., t. II, p. 416. —
    Risso, *Ichth Nice*, p. 68.
Nerophis ophidion ... Bonap., *Cat. poiss. Europ.*, p. 91. — Dum. *Loph.*, p. 602. —
    Gunth., *Cat. fish.*, t. VIII, p. 192.

Straight-nosed, Pipe-fish, Angleterre.

Le corps de ce poisson est très-allongé, sa tête est contenue quinze fois environ dans la longueur totale et sa région caudale est filiforme.

Les anneaux sont au nombre de trente à trente-trois pour le dos, et de soixante à soixante-dix pour la queue.

Les pectorales, l'anale, les ventrales et la caudale manquent, la nageoire dorsale qui existe seule, a de trente-trois à trente-cinq rayons.

La dos du Nérophis ophidion est d'un vert olivâtre, son ventre est jaunâtre. Tout son corps est parsemé de petites taches d'un blanc bleuâtre.

Celte espèce habite la mer Baltique, la mer du Nord, l'océan Atlantique et la Méditerranée ; elle est connue à Nice sous le nom de *Bisso*.

Les mâles portent les œufs sous leur abdomen.

On trouve encore sur les côtes de Nice, un autre Nérophis que Risso a appelé Nérophis Papacin (*Nerophis papacinus*). Son corps, d'un beau rouge de corail, est tacheté de jaune orangé. Cette dernière couleur forme des anneaux dans la région caudale. Le museau nérophis papacin est légèrement recourbé en haut.

GENRE HIPPOCAMPE.

Hippocampus, CUVIER.

Corps comprimé, entouré de onze ou douze anneaux de forme heptagonale. Région caudale moins haute que le tronc et protégée par un nombre variable d'anneaux.

Tête rappelant par sa forme générale celle du cheval ; elle présente de nombreuses saillies.

Nageoires dorsales et pectorales assez développées.

Pas de nageoires ventrales, ni de caudale.

Le mâle porte les œufs dans une loge placée sous sa région caudale.

Pl. 56, fig. 3. — HIPPOCAMPE.

Syngnathus hippocampus .. Lin., *Syst. Nat.*, t. I, p. 417. — Brunn., *Pisc. Mass.*,
     p. 10. — Bloch, t. IV, p. 6, pl. 109, fig. 3. — Risso,
     Ichth., Nice, p. 67.
Hippocampus antiquorum.. Gunth., *Cat. fish.*, t. VIII, p. 199.
Hippocampus brevirostris.. Cuv., *Règn. Anim.*, t. II, p. 363. — Yarr., *Brit. fish.*,
     t. II, p. 342. — Bonap., *Cat. Poiss. Europ*, p. 89. —
     Dum., *Loph.*, p. 504.

Sea Hors, Angleterre. — *Zeepaerd*, Hollande.

Ce poisson que l'on nomme vulgairement *Hippocampe* et *Cheval marin*, doit son nom a la forme particulière de sa tête qui ressemble assez à celle du cheval. Il habite l'océan Atlantique, la Manche et la Méditerranée; on ne le prend qu'exceptionnellement sur les côtes de Belgique.

Les Niçois l'appellent *Cavao*, les Languedociens et les Provençaux, *Tchival dé mar*. Il est très-commun sur nos côtes méditerranéennes.

Le corps de l'Hippocampe, qui est comprimé latéralement, est assez élevé dans son tiers moyen; il diminue ensuite brusquement de hauteur et va en s'effilant jusqu'à son extrémité caudale. Sa tête est munie dans sa région occipitale de huit tubercules saillants; elle est pourvue d'un crête et ses régions orbitaires et temporales sont aussi garnies d'épines.

Les anneaux qui forment le corps sont au nombre de quarante-sept; ils sont constitués par des plaques relevées en arêtes à leurs points de jonction et formant par leur réunion sept rangées de tubercules saillants. Les deux derniers anneaux du tronc et le premier de la région caudale sont les plus élevés, c'est à leur niveau qu'est placée la nageoire dorsale, dont le nombre des rayonnements est de dix-sept à vingt.

Les pectorales, très-rapprochées de la tête, sont formées de quinze rayons; leur transparence est extrême et le poisson les fait mouvoir avec une rapidité incroyable. Les ventrales et la caudale font défaut; l'anale a quatre rayons.

Lorsque le poisson se meut au sein des eaux, il nage verticalement la tête relevée ; pour se fixer aux corps sous-marins il se sert de sa région caudale disposée en une sorte d'organe de préhension.

L'Hippocampe a le corps d'un vert brunâtre parsemé de taches blanches ou bleu pâle formant des lignes irrégulières sur la partie postérieure des flancs. La nageoire dorsale présente une bande noire.

Le mâle se distingue de la femelle par la présence d'une poche incubatrice située au-dessous de sa région caudale.

ORDRE

DES

PLECTOGNATHES

FAMILLE DES SCLÉRODERMES

SCLERODERMI.

Les poissons qui composent cette famille, habitent les mers des régions tempérées et tropicales. Ils affectent des formes assez singulières et leur tête est terminée par une bouche armée de dents petites et peu nombreuses.

Leur peau est rude au toucher et renferme chez certaines espèces de petites plaques dures.

Ils ont une vessie natatoire souvent assez grande. Ils manquent de nageoires ventrales ou si ces mâchoires existent, elles ne sont représentées que par un seul piquant.

GENRE BALISTE.

Balistes, ARTEDI.

Corps élevé, comprimé et recouvert de petites plaques juxtaposées, mobiles et quelquefois grenues.

Mâchoire supérieure armée d'une double rangée de dents coniques ; mâchoire inférieure ne présentant qu'une seule rangée de ces organes.

Ouverture des ouïes petite.

Deux nageoires dorsales; la première est composée d'un petit nombre de rayons articulés, la deuxième est molle.

Ventrales réduites à un rayon osseux. Une seule anale.

Six rayons branchiostéges.

Pl. 57. — BALISTE CAPRISQUE.

Balistes capriscus. Lin., *Gm.*, t. I, p. 1471. — Bloch, Schn., p. 476. — Lacép., t. I,
p. 372, pl. 13, fig. 3. — Yarr., *Brit. fish*, 3ᵉ édit., t. II, p. 422. —
Risso, *Ichth. Nice*, p. 51. — Cuv., *Règn. Anim.*, t. II, p. 372. —
Holl., *An. sc. nat.* 1854, t. I, p. 309. — Costa, *Faun. Napl.*,
pl. 61, 62. — Bonap., *Cat. Poiss. Eur.*, p. 88. — Gunth., *Cat.
fish.*, t. VIII, p. 217.

Balistes lunulatus. Risso, *Europ. Mérid.*, t. III, p. 175.

European Filefish, Angleterre. — *Pesce balestra*, Italie.

Ce poisson que l'on prend dans l'océan Atlantique et quelquefois dans la Manche, sur les côtes d'Angleterre, se trouve aussi dans la Méditerranée où il est assez rare, surtout sur nos côtes. Les Niçois le nomment *Pourc*. Le Caprisque est très-remarquable par sa forme, son corps est, en effet, très-élevé dans ses deux tiers antérieurs, très-bas dans son tiers postérieur, comprimé et recouvert de petites plaques mobiles, juxtaposées et de forme rhomboïdale. Son museau est obtus, sa bouche petite et étroite. Les mâchoires, sensiblement égales, sont armées de dents en forme d'incisives disposées à la mâchoire supérieure en double série; il y en a huit de chaque côté à la rangée externe, six à la rangée interne ; la mâchoire inférieure n'en a qu'une seule rangée. Les yeux sont petits et les fentes branchiales étroites.

La nageoire dorsale a trois rayons piquants, le premier est beaucoup plus haut que les autres et couvert d'aspérités. La seconde nageoire dorsale, assez haute dans sa région antérieure, est formée de vingt-huit rayons. Les pectorales ont douze rayons ; les ventrales sont réduites à une seule épine mobile ; l'anale a vingt-cinq rayons et la caudale arrondie en a quatorze.

Les parties supérieures du corps du Baliste sont d'un brun foncé sur le dos, cette couleur devient plus claire sur les flancs et le ventre. Quelques individus ont des reflets verdâtres ou violacés et des taches d'un brun noirâtre.

GENRE OSTRACION.

Ostracion, LINNÉ.

Corps anguleux et recouvert d'une peau ossifiée dont les plaques hexagonales sont soudées entre elles.

Bouche peu fendue et pourvue de lèvres assez épaisses ; mâchoires garnies d'un petit nombre de dents disposées sur une seule rangée.

Région caudale arrondie, mobile, et dépourvue de plaques osseuses.

Pas de nageoires ventrales.

Pl. 58. — OSTRACION A QUATRE CORNES.

Ostracion tricornis...... Lin., *Syst. Nat.*, t. I, p. 408. — Bloch, Schneid., p. 499.
Ostracion quadricornis .. Lin., *Syst. Nat.*, t. I, p. 409. — Bloch, pl. 134. — Lacép.,
                           t. I, p. 468. — Gunth., *Cat. fish.*, t. VIII, p. 257.
Ostracion lister .... Lacép., t. I, p. 468, pl. 23, fig. 2.

Four horned trunk fish, Angleterre.

Ce poisson que l'on désigne généralement sous le nom de *Coffre*, est un de ceux dont la forme est la plus singulière. Il habite les parties chaudes de l'océan Atlantique, et ce n'est qu'accidentellement qu'on le rencontre sur nos côtes de l'Europe, où il est probablement entraîné par les grands courants sous-marins. On prend quelquefois aussi, mais très-rarement, des poissons de ce genre dans la Méditerranée. M. Doumet en a trouvé quelques exemplaires aux environs de Cette, mais il n'indique pas dans son catalogue des poissons du Languedoc à quelle espèce il les rapporte.

L'Ostracion quatre cornes a le corps et la tête recouverts d'une peau ossifiée, formant des plaques hexagonales irrégulières et soudées entre elles; sa queue seule est mobile. Le corps est de forme triangulaire et armé d'épines au-dessus des yeux et en arrière de l'abdomen. Le museau est saillant; la bouche petite, est pourvue de lèvres assez épaisses. Les dents sont coniques, petites et disposées sur une seule rangée. Les ouïes sont peu fendues et les rayons branchiostéges au nombre de six.

La nageoire dorsale de ce poisson est reportée très en arrière; l'anale lui est opposée. Les pectorales sont assez grandes; il n'y a point de ventrales. La nageoire caudale arrondie à son bord libre est peu déveoppée.

Ce poisson est d'un brun jaunâtre.

FAMILLE DES GYMNODONTES.

Les poissons de cette famille habitent les régions tempérées et tropicales. La plupart de leurs espèces vivent dans les mers, quelques-unes cependant sont propres aux eaux douces ; on en trouve dans le Nil.

Les Gymnodontes ont les mâchoires dépourvues de véritables dents, mais leurs bords sont garnis d'une substance éburnée susceptible de se diviser en lamelles. Quelques espèces présentent une suture à la partie médiane de leur mâchoire.

Les opercules de ces poissons sont peu développés, et les rayons branchiostéges peu nombreux.

Ils manquent de nageoires ventrales.

Certains Gymnodontes, que l'on a quelquefois désignés sous le nom de *Boursouflus*, ont la singulière propriété de gonfler leur abdomen qui prend alors une forme globuleuse et leur permet de flotter à la surface des eaux.

GENRE TÉTRODON.

Tetraodon, Linné.

Corps lisse ou recouvert de petits tubercules ossifiés et piquants. Mâchoires divisées par une suture médiane.

Nageoires dorsale et anale reportées en arrière.

Pectorales et caudale bien développées.

Cavité abdominale pouvant se dilater plus ou moins à la volonté du poisson.

Ouverture des ouïes petites.

Pl. 59. — TÉTRODON DE PENNANT.

Tetrodon lagocephalus... Lin., *Syst. Nat.*, t. I, p. 410. — Penn., *Brit. Zool.*, t. III,
p. 174, pl. 23. — Gunth., *Cat. fish.*, t. VIII, p. 273.
Lagocephalus pennantii.. Bonap., *Cat. Poiss. Europ.*, p. 87. — Id. *Faun. Ital.*
Tetrodon pennantii...... Yarr., *Brit. fish.*, 2ᵉ édit., t. II, p. 457.

Pennant's globfish, Angleterre.

Ce poisson, comme le précédent, habite les parties chaudes et tempérées de l'océan Atlantique et ne se prend qu'accidentellement sur les côtes des îles britanniques. Il jouit de la propriété fort singulière de prendre une forme globuleuse par l'absorption d'une certaine quantité d'air qui, s'accumulant dans la région ventrale, rend cette partie du corps plus légère et faisant basculer l'animal, lui permet de flotter le ventre en l'air à la surface de l'eau.

Le corps du Tétrodon de forme oblongue à l'état normal est entièrement lisse à l'exception de l'abdomen qui est couvert de petites épines étoilées et peu saillantes. Sa bouche est peu fendue, et ses mâchoires, divisées en deux à leur partie médiane, ont fait donner au poisson la fausse appellation de *Tétraodon* qui signifie poisson à quatre dents.

L'œil est de grandeur moyenne, son iris est blanc, sa pupille noirâtre.

La nageoire dorsale, assez élevée, est reportée très en arrière; elle est formée de onze rayons.

Les pectorales, bien développées, ont quatorze rayons et l'anale opposée à la dorsale en a dix. La caudale est large et constituée par huit rayons.

Les parties supérieures du corps de ce poisson sont d'un bleu noirâtre; les flancs et le ventre sont argentés.

GENRE MÔLE.

Orthagoriscus, Schneider.

Corps comprimé, plus ou moins oblong et recouvert d'une peau épaisse, granuleuse ou divisée en petites plaques polygonales.

Bouche petite, mâchoires formées d'une seule pièce.

Ouverture des ouïes réduite à une fente ovalaire.

Nageoires dorsale et anale réunies à la caudale; pas de ventrales.

Ces poissons n'ont pas de vessie natatoire.

Pl. 60. — MÔLE COMMUNE.

Tetrodon mola...... Lin., *Sys. Nat.*, t. I, p. 412. — Cuv., *Règn. Anim.*, t. II, p. 370.

Orthagoriscus mola.. Bloch, Schn., p. 510. — Yarr., *Brit. fish.*, 3ᵉ édit., t. II, p. 432. — Nilss., *Skand. Faun.*, p. 697. — Costa, *Faun. Nap.*, pl. 63, 64. — Gunth., *Cat. fish.*, t. VIII, p. 317.

Cephalus mola....... Risso, *Ichth. Nice*, p. 60.

Short Sunfish, Angleterre. — *Klompvisch*, Norwége, Hollande. — *Maenvisch*, Belgique. — *Molere*, Espagne. — *Phyco*, Italie.

Le Môle que l'on nomme aussi *Poisson lune* en raison de sa forme et de l'éclat argenté dont brille son corps, se désigne sous le nom de

Muollo, sur la côte de Nice, et de *Mola,* sur les plages du Languedoc. Il habite les régions tempérées et tropicales, mais on le prend quelquefois plus au nord, sur les côtes Britanniques et sur celles des Pays-Bas et de Suède, vers lesquelles il est entraîné par les courants. Il n'est pas rare de voir échouer chaque année quelques-uns de ces poissons sur nos côtes de l'ouest et du midi de la France.

Le môle, dont la forme est très-singulière, a le corps arrondi, comprimé, très-élevé, et comme tronqué dans sa région postérieure. La peau qui le recouvre est épaisse, rugueuse et finement granulée. Sa bouche est petite, ses mâchoires sont formées d'une seule pièce, et l'ouverture des ouïes, placée en avant et au-dessus de l'insertion des pectorales, est petite et ovalaire. Les nageoires dorsale et anale qui sont reportées en arrière, sont hautes et formées, la première, de dix-sept ou dix-huit rayons ; la seconde, de quinze à dix-sept. Les pectorales, bien développées, ont douze rayons. La caudale, qui s'étend sur tout le bord postérieur du corps depuis la dorsale jusqu'à l'anale, est membraneuse et se compose de dix-huit rayons très-larges.

Les poissons de cette espèce n'ont point de vessie natatoire et on les voit souvent flotter à la surface des eaux où ils sont comme morts; leur corps brille alors du plus vif éclat et devient quelquefois phosphorescent. Leur taille dépasse souvent un mètre en hauteur.

Le Môle a la partie antérieure du corps d'un gris bleuâtre ; ses flancs sont souvent teintés de brun olivâtre, son ventre est blanc. Il est surtout intéressant à cause des nombreux parasites qu'il héberge et dont M. Van Beneden a donné une liste complète ; ce poisson se nourrit d'herbes marines.

Pl. 61. — MÔLE OBLONGUE.

Orthagoriscus oblongus.. Bloch, Schn., p. 511. — Yarr., *Brit. fish.,* 3e édit., p. 439.
            — Cuv., *Règn. Anim.,* t. II, p. 371. — Bonap., *Cat. poiss. Eur.,* p. 88.
Orthagoriscus elongatus. Risso, *Europ. Mérid,* t. III, p. 173.
Orthagoriscus truncatus. Gunth., *Cat. fish.,* t. VIII, p. 319.

Oblong sunfish, Angleterre.

Cette seconde espèce de Môle se trouve dans l'océan Pacifique, dans l'océan Atlantique et se prend quelquefois dans la Manche. Elle se distingue de la précédente par un corps plus allongé et recouvert d'une peau dure et formée de petites plaques hexagonales. Ses yeux sont en outre reportés beaucoup plus haut sur les parties latérales de la tête, et la base de sa caudale est légèrement oblique.

La formule des rayons de nageoires est la suivante :

D. 17 à 19. — P. 13. — A. 19. — C. 18 à 22.

Le dos de ce poisson est d'un brun plus ou moins clair à reflets bleuâtres. Ses flancs sont argentés, le ventre est blanc.

ORDRE

DES

CHIMÉRIENS

FAMILLE DES CHIMÉRIDÉS.

CHIMÆRIDÆ.

La famille des Chiméridés comprend deux genres dont l'un appartient à l'Océan arctique, l'autre à l'Océan antarctique. Ces poissons qui se rapprochent par certains de leurs caractères des Squales, en diffèrent sous d'autres rapports et en particulier par la forme de l'orifice de leurs ouïes, qui est unique de chaque côté et protégé par un opercule rudimentaire.

Leur intestin comme celui des Squales est pourvu d'une valvule spirale, et le mâle a, comme dans ces derniers poissons, des appendices copulateurs.

Ajoutons que la bouche des Chimériens est reportée en dessous, que leurs dents sont disposées en lamelles et au nombre de deux paires à la mâchoire supérieure, d'une paire à l'inférieure. Leurs œufs sont grands, aplatis, et leur coque qui les protége, velue et cornée.

ENRE CHIMÈRE.

Chimæra, LINNÉ.

Corps allongé, comprimé et terminé par une région caudale filiforme.

Tête grande, museau proéminent et conique.

Nageoires dorsales au nombre de deux : la première armée d'une forte épine denticulée sur son bord postérieur, la seconde commençant un peu après la première et s'étendant très-loin en arrière. Nageoires pectorales longues et triangulaires ; anale petite et basse ; caudale bordant en dessus et en dessous le long filament postérieur.

Pl. 62. — CHIMÈRE ARCTIQUE.

Chimæra monstrosa.... Lin., *Syst. Nat.*, t. I, p. 401. — Bloch, Schn., p. 349. — Lacép., t. I, p. 392, pl. 19, fig. 1. — Gaimard, *Voy. Isl. et Groènl. Zool.*, pl. 20. — Bonap., *Faun. Ital.* — Id. *Cat. poiss. Eur.*, p. 20. — Costa, *Faun. Nap.*, p. 1, pl. 1 à 7. — Yarr., *Brit. fish.*, 3ᵉ édit., t. II, p. 464. — Duméril, *Elasmobr.*. p. 686, pl. 13, fig. 3 et 4, pl. 14, fig. 1. — Gunth., *Cat. fish.*, t. VIII, p. 349.

Chimæra mediterranea.. Risso, *Europ. Mérid.*, t. III, p. 168.

King of the herrings, Rabbit-fisch, Angleterre. — *Rato*, Portugal. — *Re di Aringhe*, Italie.

La Chimère arctique qui se trouve dans l'Océan septentrional, se plaît au milieu des glaces et dans les eaux profondes ; elle habite aussi les régions tempérées, et on en prend non-seulement sur les côtes des Pays-Bas, des îles Britanniques, de France, de Portugal et d'Espagne, mais encore dans la Méditerranée, sur celles de France et d'Italie. C'est un poisson d'une forme très-bizarre, auquel on a donné les noms de *Singe marin, Chat de Mer, Rat*, etc., etc., on le désigne aussi, dans le nord, sous le nom de *Roi des Harengs*. Il se nourrit de crustacés et de mollusques à coquilles.

Le corps de la Chimère allongé et comprimé, se termine en arrière par un long filament. La tête est grande, de forme pyramidale, et porte en avant un museau conique qui fait saillie au-dessus de la bouche. La peau de la face forme des plis saillants et rugueux autour de chacun des pores muqueux qui sont très-nombreux de chaque côté de cette région. Les yeux sont très-grands et leur iris est blanc.

La bouche qui s'ouvre en dessous du museau, est armée sur ses mâchoires de lamelles, osseuses, dures et striées, qui simulent des dents incisives. On voit également de ces organes au palais.

La fente branchiale, de forme elliptique, est située en avant des nageoires pectorales.

La ligne latérale, simple sur le corps, se divise bientôt en approchant de la tête en plusieurs branches sinueuses qui parcourent les parties supérieures et latérales de cette région du corps, et gagnent l'extrémité du museau. Ces lignes sont blanches, très-apparentes et bordées de brun. Les narines s'ouvrent au-dessus de la lèvre supérieure et sont pourvues d'une valvule cartilagineuse.

La première nageoire dorsale, qui commence en arrière de la tête, est de forme triangulaire; elle est pourvue d'une épine très-forte, falciforme et denticulée sur son bord postérieur; à la suite de cette épine se trouvent neuf rayons branchus. Cette nageoire est reliée par un repli cutané à la seconde dorsale, qui, naissant un peu en arrière de la première, est peu élevée et s'étend très-loin dans la région caudale.

Les pectorales sont longues et triangulaires; les ventrales sont arrondies et l'anale, peu développée et opposée à la terminaison de la seconde dorsale, est comme cette dernière, très-basse. La caudale borde en dessus et en dessous le long filament qui termine le corps.

La Chimère a les parties supérieures du dos teintées de brun ; les flancs sont argentés, le ventre est blanc. Ces différentes régions sont quelquefois parsemées de points bruns. Les nageoires sont d'un gris brunâtre, celles du dos et de la queue sont bordés de noir. Les yeux de ce poisson sont très-brillants et ressemblent sous ce rapport, et par les feux qu'ils jettent, à ceux du chat, animal à qui on a comparé ce poisson.

La chair de la Chimère est dure et peu estimée, on la voit cependant paraître sur les marchés du nord de l'Europe. Les Norwégiens mangent ses œufs et son foie, ou tirent de ce dernier organe une huile utilisée en médecine.

L'Océan Antactique possède une autre Chimère qu'on a appelée Chimère Antactique ; ce poisson a le museau terminé par un lambeau charnu et pendant ; le mâle porte dans sa région frontale un appendice armé d'épines recourbées. On a séparé cette espèce du genre précédent pour en former un nouveau sous le nom de *Callorhynchus*.

ORDRE

DE

SÉLACIENS

SOUS-ORDRE DES SQUALES.

FAMILLE DES CARCHARIIDÉS.

CARCHARIIDÆ.

Cette famille dont les réprésentants habitent les mers tempérées et tropicales, comprend un certain nombre de genres dont quelques espèces fréquentent nos côtes. La plus connue de toutes est le Requin, dont la voracité est extrême et la taille quelquefois considérable.

Ces Squales ont le corps fusiforme et recouvert d'une peau granuleuse. Leur tête est généralement allongée ; d'autres fois elle est élargie sur les côtes, comme dans le genre Marteau. Leurs dents sont le plus souvent aiguës et dentelées sur leurs bords ; elles sont, chez quelques espèces, en forme de pavés. Leurs nageoires dorsales sont au nombre de deux et ne présentent pas d'aiguillons ; ils ont une anale et leur caudale est formée de deux lobes très-inégaux. Leurs yeux sont pourvus d'une membrane nictitante, et leurs évents, lorsqu'ils existent, sont généralement petits.

L'intestin de ces poissons, comme celui de toutes les espèces du même ordre, est pourvu d'une valvule spirale. Le mâle porte dans sa région pelvienne des appendices copulateurs.

GENRE CARCHARIAS.

Carcharias, CUVIER.

Corps allongé et cylindrique, recouvert d'une peau grenue. Tête forte et déprimée. Bouche grande ; mâchoires armées de dents triangulaires, lisses ou à bords dentelés, tantôt aux deux mâchoires, tantôt à l'une d'elles seulement.

Narines placées sous le milieu du museau. Pas d'évents. Yeux pourvus d'une membrane nictitante.

Derniers trous branchiaux s'étendant sous les pectorales.

Nageoire dorsale située entre les pectorales et les ventrales, et dépourvue d'épine.

Anale opposée à la seconde dorsale.

Caudale à lobe supérieur beaucoup plus long que l'inférieur.

Pl. 63. — SQUALE BLEU.

Galeus glaueus................... Rondel., p. 378.
Squalus glaucus................. Lin., *Syst. Nat.*, t. I, p. 401. — Bloch, Schn., p. 131. — Id. pl. 86. — Lacép., t. I, p. 213. — Risso, *Ichth. Nice*, p. 26. — Bonap., *Faun. Ital.* —Id., *Cat. poiss. Europ.*, p. 18.— Blainv., *Faun. Franç.*, p. 92.
Carcharias glaucus............. Cuv., *Règne Anim.* — Yarr., *Brit. fish.*, 3ᵉ édit., t. II, p. 482.
Squalus (Carcharinus) cœruleus. Blainville, *Faun. Fr.*, t. I, p. 90.
Carcharias (Prionodon) glaucus. Mull. et Henle, p. 36, pl. 11. — Dum., *Elasm.*, p. 353. — Barbosa du Bocage et Capello, *Peix. plag.*, p. 17. — Gunth., *Cat. fish.*, t. VIII, p. 364.

Blue Shark, Angleterre. — *Bythaai, Blaauwe haai,* Flandre. — *Tintureira,* Portugal. — *Squalo verdesca,* Italie.

Le Squale bleu, qui habite presque toutes les mers chaudes et tempérées du globe, est assez commun dans la Méditerranée, l'océan Atlantique, la Manche, la mer du Nord et la Baltique. Sur les côtes du

Languedoc on le nomme *Tchiblú,* et sur celles de Nice *Verloun ;* les pêcheurs siciliens l'appelent *Verdescu.* Sa taille est ordinairement de 2 à
3 mètres; sa voracité extrême et sa couleur bleue, qui se confond avec
celle de l'eau de la mer, en fait un ennemi redoutable, soit pour
l'homme, soit pour les animaux marins dont il veut s'approcher. Il
s'acharne particulièrement après les thons, et dévaste les filets qu'on
emploie soit à la pêche de ces animaux, soit à celle des aloses ou des
sardines, poissons dont il fait sa nourriture habituelle.

Ce Carcharias a le corps grêle et recouvert d'une peau rude. Sa
tête est conique, son museau long et pointu. Les dents qui arment ses
redoutables mâchoires ont leurs bords dentelés et sont triangulaires ;
celles de la mâchoire supérieure ont leur bord interne convexe, leur bord
externe concave et leur pointe dirigée vers l'angle interne de la bouche ;
celles de la mâchoire inférieure sont plus étroites, moins obliques et
lancéolées ; la mâchoire inférieure porte en outre une dent médiane
beaucoup plus petite que les autres.

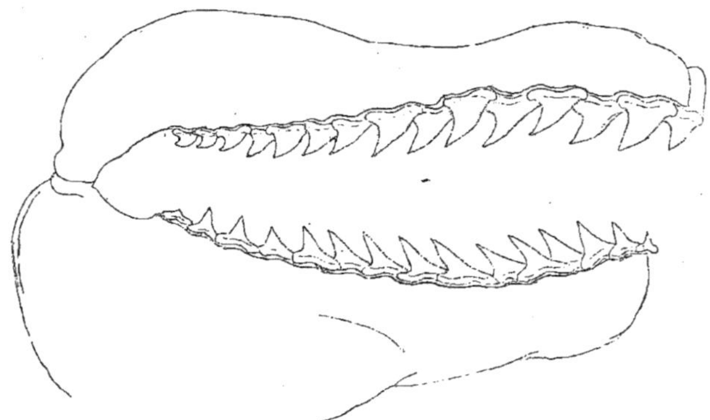

Fig. 7. — Dentition du Squale bleu. (*Carcharias glaucus.*)

Les ouvertures branchiales sont au nombre de cinq.

La première nageoire dorsale est placée plus près des ventrales
que des pectorales ; elle est échancrée en arrière.

La seconde dorsale est de moitié moins haute que la première.
Les pectorales sont très-longues ; les ventrales sont petites et tronquées obliquement ; l'anale est opposée à la seconde dorsale. Quant à la

caudale, son lobe inférieur n'égale pas la moitié du supérieur qui est long et falciforme.

Le corps de ce Squale est d'un bleu noirâtre dans sa région dorsale et sur la tête ; ses flancs sont plus clairs, son ventre est blanc. Ses nageoires dorsales, caudale et pectorales sont du même bleu que le dos, les ventrales et l'anale sont plus claires.

Pl. 64. — REQUIN.

Squalus carcharias.......... Risso, *Ichth. Nice*, p. 25.
Carcharias (Prionodon) lamia. Risso, *Europ. Mérid.*, t. III, p. 119. — Mull. et Henle,
                p. 37, pl. 12. — Dum., *Elasm.*, p. 356. — Barboza
                du Bocage et Capello, *Peix. plag.*, p. 18. — Gunth.,
                Cat. fish., t. VIII, p. 372.
Squalus carcharias.......... Bonap., *Cat. poiss. Eur.*, p. 18.

White shark, Angleterre. — *Haye*, Hollande. — *Merviel frauss*, Allemagne. — *Olhon branco*, Portugal. — *Pesce cane*, *Lamia*, Italie.

Le Requin, dont le nom, suivant quelques auteurs, viendrait par corruption du mot *requiem* qui rappelle l'idée de la mort et le repos éternel, parvient à une forte taille et sa voracité est extrême. Il dévore ou déchire tout ce qui se trouve à sa portée. On trouve souvent dans son estomac de gros poissons tels que Thons, Espadons, Aloses, etc., etc. Il s'attaque souvent aux Cétacés, et certains individus mettent tant d'acharnement à poursuivre leur proie, qu'il arrive souvent de voir ces animaux échouer sur les rivages. C'est dans certains parages un ennemi redoutable pour l'homme, et certains auteurs prétendent même qu'il recherche surtout les noirs dont la chair est plus odorante.

Les récits des naturalistes sont pleins de détails sur les mœurs de ce ravageur des mers ; ils nous le montrent suivant les vaisseaux pour profiter, soit des débris de cuisine que l'on jette par-dessus les bords, soit pour saisir les cadavres des malheureux qui sont morts pendant la traversée et dont les dépouilles sont confiées aux flots. Plusieurs naturalistes, parmi lesquels nous citerons : Rondelet, Brunnich, Muller, etc., donnent des détails intéressants sur différentes captures de ces animaux qui contenaient dans leur estomac soit des hommes, soit des animaux entiers. Sans tenir compte de certaines exagérations des navigateurs et des discussions insensées de quelques auteurs qui sont allés jusqu'à se demander si c'était un Requin ou une Balcine qui avait avalé le prophète Jonas pour le déposer quelque temps après sur le rivage, il est permis d'affirmer que cet animal est, sinon le plus redoutable, au moins le plus féroce des habitants des mers.

On désigne généralement le Requin sous les noms *Chien de Mer, Lamie, Requiem.* Les Niçois l'appellent *Lameo,* les Languedociens *Lamia, Réquin.* Il est assez commun sur nos côtes.

Le corps de ce poisson est allongé, fusiforme et recouvert d'une peau rugueuse. La tête est grande, conique et déprimée dans sa région frontale. Son museau est court, arrondi et présente de nombreux pores muqueux. Sa bouche est grande et large, et chaque mâchoire est armée de six rangées de dents triangulaires dentelées sur leurs bords. Celles du maxillaire inférieur sont plus étroites; il y a en outre une dent médiane à chaque mâchoire. Les ouvertures branchiales sont au nombre de cinq, et situées en avant des pectorales.

La nageoire dorsale antérieure, placée plus près du museau que de l'origine de la caudale, est de forme trapézoïde. La seconde dorsale est très-rapprochée de la caudale. Les pectorales sont très-grandes, et les ventrales plus rapprochées de l'anale que des pectorales sont petites et quadrilatères. L'anale, qui est petite, est opposée à la seconde dorsale, et la caudale, bien développée, a son lobe supérieur double en longueur du lobe inférieur.

Ce poisson a le corps d'un gris noirâtre sur le dos, plus clair sur les flancs et le ventre. Ses yeux sont blancs, ce qui l'a quelquefois fait appeler *Requin à œil blanc.*

La chair du Requin est dure et difficile à digérer. On utilise son huile, et sa peau est livrée au commerce sous le nom de *Peau de chien de mer.*

GENRE MILANDRE.

Galeus, Cuvier.

Corps allongé et fusiforme. Tête assez forte. Museau allongé, déprimé et à pointe obtuse. Mâchoires garnies de dents denticulées et munis d'un talon au côté externe de leur base.

Évents petits.

Nageoire dorsale placée comme dans le genre précédent entre les pectorales et les ventrales et dépourvue d'épine.

Seconde dorsale opposée à l'anale.

Lobe supérieur de la caudale égal aux deux cinquièmes de la longueur du corps.

Fentes branchiales petites et rapprochées l'une de l'autre.

Pl. 65. — MILANDRE CHIEN.

Squalus galeus.... Lin., *Syst. Nat.*, p. 399. — Brunn., *Pisc. Mass.*, p. 9. — Bloch, Schn., p. 128. — Risso, *Ichth. Nice*, p. 32. — Nilss., *Skand. Faun. fish.*, p. 174. — Blainv., *Faun. Franç.*, p. 85, pl. 21, fig. 1.
Carcharias galeus. Risso, *Eur. Mérid.*, t. III, p. 121.
Galeus vulgaris ... Yarr., *Brit. fish.*, t. II, p. 509. — Flem., *Brit. Ann.*, p. 165.
Galeus canis....... Bonap., *Faun. Ital.* — Id., *Cat. poiss. Eur.*, p. 19. — Dum., *Elasmobr.*, p. 390. — Gunth., *Cat. fish.*, t. VIII, p. 379. — Barboza du Bocage et Capello, *Peix. plag.*, p. 18.

Gewoone Roofhaa, Hollande. — *Tope*, Angleterre. — *Meersau*, Allemagne. *Palombo-canesca, Can, lamiola*, Italie. — *Dentudo*, Portugal.

Ce Squale, que l'on rencontre dans les mers tempérées et tropicales. est peu commun sur nos côtes méditerranéennes; on le trouve

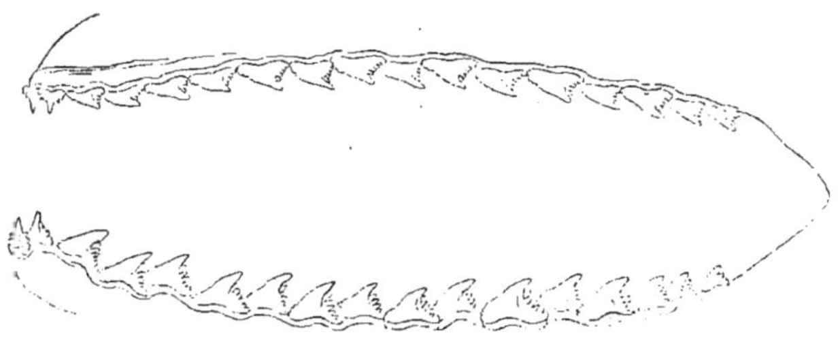

Fig. 8. — DENTITION DU MILANDRE CHIEN. (*Galeus canis.*)

plus communément sur celles de l'Atlantique. Les Niçois le nomment *Palloun*, les Languedociens *Milandré Tchi*. Son corps est allongé, fusiforme et rappelle assez comme aspect celui des Requins. Son museau est allongé, déprimé, et ses mâchoires sont armées de dents petites, à pointe dirigée en dehors, disposées sur plusieurs rangées, et denticulées sur leur bord externe.

La première nageoire dorsale a son bord postérieur concave, elle est peu élevée ; la seconde, plus petite, a son angle postérieur plus aigu. Les nageoires pectorales sont longues, mais cependant moins développées que dans le genre Carcharias. Le lobe supérieur de la caudale est oblique et tronqué.

La femelle présente, en outre, quelques petites différences dans la conformation de la tête, mais ces différences ne sont que secondaires.

Ce squale a les parties supérieures du corps et les flancs d'un gris d'ardoise ; son ventre est plus clair. Ses yeux sont d'un vert jaunâtre, leur pupille est noire.

La chair de ce poisson se vend souvent sur nos marchés ; elle est ferme et d'une saveur fade.

GENRE MARTEAU.

Zygœna, Cuvier.

Tête forte, élargie latéralement en deux prolongements portant les yeux et simulant par leur forme la tête d'un marteau. Narines situées sur le bord antérieur de ces prolongements.

Bouche en forme de croissant. Mâchoires armées de dents de forme triangulaire, aplatis en avant, convexes en arrière, portant du côté externe de leur base un petit talon lisse ou denté. Une dent médiane aux deux mâchoires.

Pas d'évents. Yeux pourvus d'une membrane nictitante.

Première dorsale située plus près des pectorales que des ventrales ; seconde dorsale plus petite et opposée à l'anale.

Caudale falciforme et précédée de fossettes.

Peau recouverte de scutelles très-petites.

Pl. 66. — SQUALE MARTEAU.

Squalus zygœna. Lin., *Syst. nat.*, t. I, p. 399. — Bloch, pl. 117. — Bloch, Schn., p. 131. — Lacép., t. I, p. 257. — Brunn., *Pisc. Mass.*, p. 4. —
Squalus malleus. Risso, *Ichth. Nice*, p. 34.
Zygœna malleus. Val., *Mém. mus.*, t. IX, 1832, p. 223, p. 11. — Risso, *Eur. Mérid.*, t. III, p. 125. — Yarr., *Brit. fish.*, t. II, p. 504. — Gunth., *Cat. fish.*, t. VIII, p. 381.
Sphyrna zygœna. Mull. et Henle, p. 51. — Bonap., *Cat. Poiss. Europ.*, p. 18. — Id., *Faun. Ital.* — Dum. *Elasmobr.*, p. 382. — Barboza du Bocage et Capello, *Peix, plag.*, p. 17.

Hammer Head, Angleterre. — *Schlægelfisch*, Allemagne. — *Kruyshay*, Hollandais. — *Ribello, Pesce Stampella, Pescei martello, Cormedilla*, etc., Italie. — *Peiz martelloda*, Espagne. — *Peixe martello, Cornuda*, Portugal.

Ce Squale habite la Méditerranée et l'océan Atlantique ; on le prend aussi sur les côtes de l'Amérique, en Australie et au Japon. On le nomme à Nice *Martéu*, en Languedoc *Peï martel ; Peï jonzion* à Marseille. On l'appelle aussi dans quelques localités *Poisson juif*.

Le Marteau habite les fonds vaseux ; sa voracité est très-grande, et il se nourrit principalement de raies et de harengs. On le prend surtout pendant l'été. Sa chair est dure, coriace et de mauvais goût, mais on tire une grande quantité d'huile de son foie, et sa peau finement granuleuse est employée dans le commerce.

Ce poisson, dont le corps est fusiforme, est surtout remarquable par la forme de sa tête trois fois aussi large que longue, et dont les deux faces latérales, rejetées en dehors, simulent les deux branches d'un marteau. Ces prolongements portent les yeux, qui sont gros, saillants, arrondis et dont l'iris est doré et la pupille noire. En avant d'eux se voient les ouvertures des narines. La fente buccale est semi-circulaire et les mâchoires sont garnies de dents aiguës, très-obliques, et portant du côté externe un petit salon dentelé ; celles de la mâchoire

inférieure sont plus petites. La première nageoire dorsale, qui corres-
pond à l'endroit le plus élevé du corps, est plus haute que longue; la
seconde est courte et quadrilatère, son angle postérieur est très-allongé.
Les pectorales sont grandes, et les ventrales, situées entre les deux

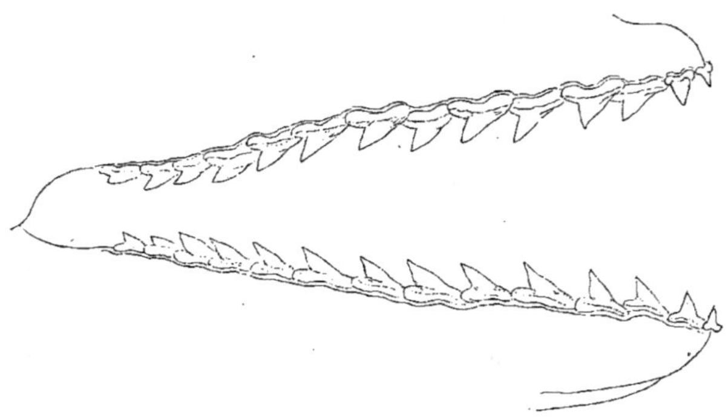

9. — Dentition du Marteau. (*Zigœna malleus.*)

dorsales sont plus longues que larges. L'anale est à peu près de même
forme que la seconde dorsale et lui est opposée. Le lobe supérieur de
la caudale est quatre fois plus développé que l'inférieur.

Toute la peau de ce poisson est rugueuse, et les côtés de sa tête
présentent de nombreux pores muqueux.

Le corps est d'un brun grisâtre sensiblement plus clair en dessous.

GENRE ÉMISSOLE.

Mustelus, Cuvier.

Corps très-allongé, fusiforme et présentant une carène
s'étendant de la nuque à la dernière dorsale.

Museau pointu. Bouche placée en dessous, entre la pointe
du museau et la première fente branchiale.

Mâchoires armées de dents plates, en pavé et formant mosaïque; les rangées postérieures, ne présentant pas de dentelures du côté externe chez le *Mustelus vulgaris*, portent au contraire une dentelure chez le *Mustelus lœvis*.

Évents petits. OEil de forme allongée et munie d'une membrane nictitante.

Première dorsale située entre les pectorales et les ventrales; seconde dorsale presque aussi développée que la première.

Nageoire caudale courte.

Scutelles de la peau triangulaires.

Pl. 67. — MUSTÈLE VULGAIRE.

Galeus asterias........ Rondelet, p. 377.
Mustelus lœvis........ Yarr., *Brit. fish.*, t. II, p. 512.
Galeorhinus hinnulus. Blainv., *Faun. Franc.*, p. 83, pl. 20, fig. 2.
Mustelus plebejus..... Bonap., *Faune. Ital.* — Id., *Cat. Poiss. Europ.*, p. 19.
Mustelus vulgaris .... (part) Mull. et Henle, p. 64. — Id., p. 190, pl. 27, fig. 1. —
      Dum., *Elasmobr.*, p. 400. — Barboza du Bocage et Capello,
      Peix. plag., p. 17. — Gunth., *Cat. fish.*, t. VIII, p. 386.

Smooth Hound, Angleterre. — *Taonhaai*, Hollande. *Palombo, Polumbu, Cagnetto*, Italie. — *Caçáo*, Portugal.

Le Mustèle vulgaire habite la Méditerranée et l'océan Atlantique; il est très-commun sur les côtes d'Italie, de France et de Portugal. Les pêcheurs de nos côtes méditerranéennes lui donnent le nom de *Missola* et de *Pallouna*. Il habite les bancs sablonneux et se nourrit de crustacés et de mollusques. Sa chair est de mauvais goût. Elle paraît cependant très-souvent sur les marchés du midi de l'Europe où elle est vendue à vil prix. Ce poisson atteint généralement 1ᵐ,50 en longueur.

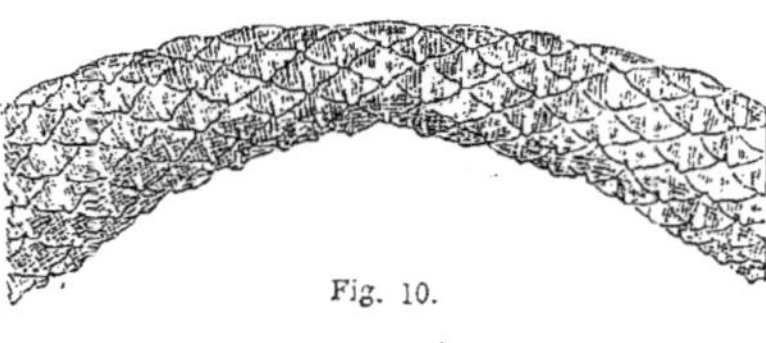

Fig. 10.

DENTITION DU MUSTÈLE VULGAIRE.

(*Mustelus vulgaris.*)

Ce Squale a le corps allongé et fusiforme. Sa tête est comprise sept fois dans la longueur totale. Ses yeux, placés assez haut, sont situés entre la première fente branchiale et la pointe du museau qui est plus court que celui de l'espèce suivante. Les dents sont en pavés et celles qui occupent les rangs postérieurs sont pourvues d'une petite saillie médiane. Les évents sont situés en arrrière des yeux.

La première dorsale est arrondie à son angle antérieur ; l'angle postérieur de la même nageoire est très-aigu. La seconde dorsale est de même forme que la première, mais plus petite. Les pectorales, larges et tronquées, n'ont pas d'échancrure en arrière. Les ventrales ont leur angle postérieur aigu, et l'anale est placée sous la seconde moitié de la deuxième dorsale. La caudale a son lobe supérieur long et étroit; son lobe inférieur est décomposé en deux parties.

Le Mustèle vulgaire a le corps d'un gris uniforme tacheté de blanc sur les côtés; quelques individus ont le corps complétement gris.

La peau est recouverte de petites scutelles triangulaires.

Cette espèce est vivipare, et le fœtus se développant dans l'utérus de la femelle, s'y fixe par une sorte de placenta formé au dépend de la vésicule vitelline qui se met en rapport avec une partie correspondante de l'utérus et simulant une sorte de placenta maternel.

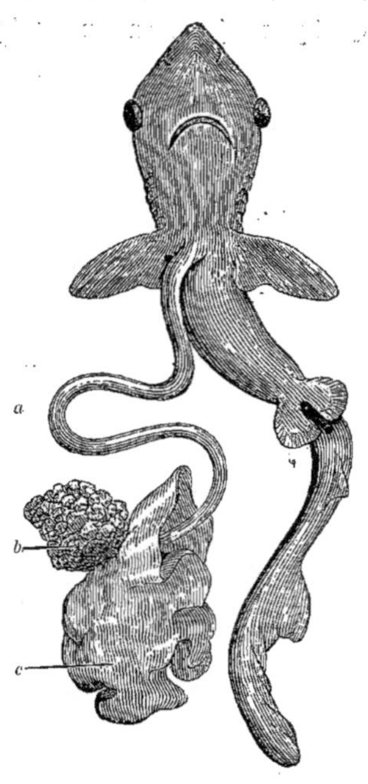

Fig. 11. — FŒTUS DE MUSTÉLE.

a. Pédicule de la vésicule ombilicale.
b. Vésicule ombilicale.
c. Sa partie placentaire.

On trouve encore dans la Méditerranée et dans l'Océan atlantique une autre espèce de Mustèle : le *Mustelus lœvis*. Il se distingue du précédent en ce que les rangées postérieures de ses dents ne sont pas pourvues de petites saillies médianes, et que le bord externe de ces mêmes organes présente une dentelure à la base. Ses pectorales sont

III.   12

plus étroites et ses yeux sont placés moins haut sur les parties latérales de la tête.

Le corps de ce poisson est d'un gris cendré pâle qui présente des
reflets rosés au devant des pectorales et au-dessus des ventrales.
Quelques sujets montrent quelquefois des taches blanchâtres.

FAMILLE DES LAMNIDÉS.

LAMNIDÆ.

La famille des Lamnidés est composée de poissons dont les caractères principaux sont les suivants :

Leur première nageoire dorsale, dépourvue d'épines, est située entre les pectorales et les ventrales.

Leurs yeux manquent de membrane nictitante ; les évents sont très-petits.

Leur bouche, reportée en dessous, est en forme de fer à cheval. Quant à la forme et à la taille des dents de ces poissons, elles sont très-variables, suivant les genres.

GENRE LAMIE.

Lamna, Cuvier.

Corps fusiforme, recouvert d'une peau presque lisse, et munie de petites scutelles triangulaires.

Tête conique; museau en forme de pyramide à quatre faces. Évents très-petits.

Bouche large. Dents triangulaires, plates, étroites, à bords lisses et présentant à leur base un ou deux cônes pointus. Pas de dents médianes.

Première nageoire dorsale dépourvue d'épines, seconde dorsale et anale très-petites.

Lobes de la caudale sensiblement égaux.

Pl. 68. — SQUALE NEZ.

Squalus cornubicus.. Lin., Gm., t. I, p. 1497. — Bloch, Schn., p. 132. — Blainv., *Faun. Franç.*, p. 96, pl. 14, fig. 2.
Lamna cornubica ... Mull. et Henle, p. 67. — Yarr., *Brit. fish.*, 3ᵉ édit., t. II, p. 498. — Bonap., *Faun. Ital.* — Id., *Cat. Poiss. Eur.*, p. 18. — Dumér., *Elasm.*, p. 405. — Bocage et Capello, *Plagiost.*, p. 12. — Gunth., *Cat. fish.*, t. VIII, p. 389.

Parbeagle, Angleterre. — *Neushaai*, Hollande. — *Sardo*, Portugal. — *Smeriglio*, Italie. — *Pesce tundu*, Sicile.

Ce squale, dont nous avons donné les principaux caractères en décrivant le genre Lamie, habite la Méditerranée et l'océan Atlantique; il peut atteindre une forte taille et sa férocité égale celle du Requin. Son corps rappelle assez comme forme celui de certains scombéroïdes, ses yeux sont arrondis, sa bouche est large et ses mâchoires sont armées de dents étroites et à bords lisses; ces dents portent un petit cône pointu de chaque côté de leur base.

La première nageoire dorsale, placée à peu près sur le milieu de la courbure du dos, est six fois plus haute que la seconde. Les pectorales sont deux fois plus longues que larges; les ventrales sont petites,

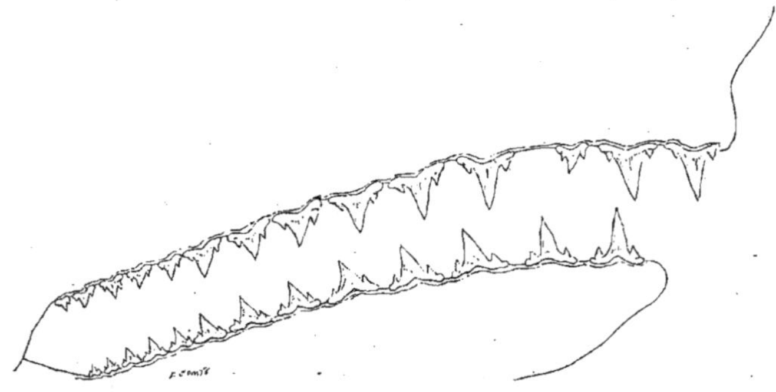

Fig. 12. — DENTITION DU SQUALE NEZ. (*Lamna cornubica.*)

l'anale est peu développée et la caudale a son lobe supérieur plus long d'un tiers que l'inférieur.

Les évents sont situés en arrière les yeux.

Ce poisson a les parties supérieures du corps d'un gris noirâtre, son ventre est blanc. La nageoire dorsale porte à son angle postérieur une tache blanche. Sa peau est couverte de petites scutelles à quatre ou cinq pointes.

GENRE OXYRHINE.

Oxyrhina, AGASSIZ.

Corps fusiforme. Tête pyramidale avec un museau pointu et des évents très-petits.

Bouche arquée; mâchoires armées de dents pointues, lisses, aplaties en avant, convexes en arrière et dépourvues de cônes pointus à leur base qui est fortement échancrée. Pas de dents médianes.

Nageoire dorsale commençant en arrière de l'insertion des pectorales. Pectorales effilées, triangulaires et falciformes. Caudale de même forme que dans le genre précédent.

Pas de membrane nictitante.

Pl. 69. — OXYRHINE DE SPALLANZANI.

Oxyrhina spallanzanii. Bonap., *Faun. Ital.* — Id., *Cat. Poiss. Europ.,* p. 17. — Dumér., *Elasm.,* p. 408.
Oxyrhina. . . . . Agass., *Poiss. Foss.,* t. III, p. 276, pl. 6, fig. 2, 2 *a,* 2 *d.*
Oxyrhina gomphodon.. Muller et Henle, p. 68. — Bocage et Capello, *Peix. Plagiost,* p. 13.
Oxyrhina punctata. . . . . Dumér., *Elasmobr.* p. 409.
Lamna spallanzanii. . . Gunth., *Cat. fish.,* t. VIII, p. 390.

Smeriglio, Italie. — *Annequim,* Portugal.

L'Oxyrhine de Spallanzani habite la Méditerranée et l'océan Atlantique, la taille des sujets de cette espèce qui figurent dans les musées varie entre deux et trois mètres.

Ce squale a le corps fusiforme et la peau qui le recouvre est garnie

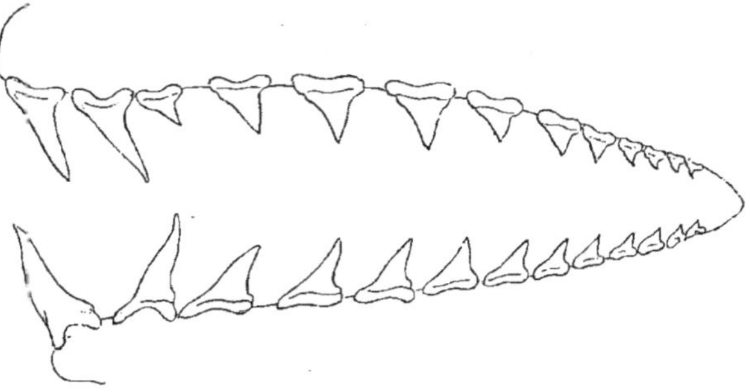

Fig. 13. — Dentition de l'Oxyrhine de Spallanzani.
(*Oxyrhina Spallanzanii.*)

de scutelles très-petites et non dentelées. Sa tête est pyramidale, son museau long et pointu est aplati en dessous. Les yeux sont assez grands, et immédiatement en arrière d'eux se trouve l'ouverture des évents. La bouche est légèrement arquée et la mâchoire supérieure dépasse l'inférieure. Les dents, placées sur quatre rangs, sont longues, lancéolées, lisses, à bords tranchants et recourbées à la mâchoire supérieure, droites au contraire à l'inférieure. Les fentes branchiales sont extrêmement larges.

La nageoire dorsale a son angle supérieur faiblement arrondi, son bord postérieur est oblique et son angle inférieur assez aigu. La seconde dorsale, peu développée, a son angle postérieur très-allongé. Les pectorales sont grandes et falciformes. Les ventrales sont trapézoïdes; l'anale, plus petite et à peu près de même forme que la seconde dorsale, naît un peu en arrière de cette dernière nageoire. La caudale a la forme d'un croissant et son lobe supérieur est d'un quart environ plus long que l'inférieur.

L'Oxyrhine de Spallanzani a les régions supérieures du corps d'un gris d'ardoise tirant quelquefois sur le noir, les flancs sont plus clairs, le ventre est d'un blanc sale. Les jeunes individus présentent une coloration un peu différente, elle est d'un bleu noir sur le dos.

Ce poisson que l'on prend rarement sur nos côtes du midi de la France, est plus commun sur celles d'Italie; on le prend surtout sur les côtes du Portugal.

GENRE CARCHARODONTE.

Carcharodon, Smith.

Corps recouvert d'une peau à petites scutelles triangulaires et rappelant par sa forme celui des poissons du genre précédent.

Tête conique; museau peu pointu et assez court.

Narines plus rapprochées des yeux que de la pointe du museau.

Évents placés assez loin en arrière des yeux.

Pas de membrane nictitante.

Mâchoires armées de dents grandes, triangulaires, aplaties, droites et à bords dentelés. Pas de dents médianes.

Fentes branchiales très-larges.

Première nageoire dorsale ne présentant pas d'épines et située entre les pectorales et l'anale. Deuxième dorsale peu développée et reportée un peu en avant de l'anale, qui est plus longue qu'elle. Pectorales allongées, larges, falciformes et à angles arrondis. Ventrales rectangulaires. Caudale en forme de croissant et à lobe inférieur égal aux deux tiers du lobe supérieur. Un sillon et une carène occupent la région caudale.

Pl. 70. — CARCHARODON LAMIE.

Carcharias verus...... Agass., *Poiss. Foss.*, t. III, p. 91, pl. F. fig. 3 (dents).
Carcharodon lamia.... Bonap., *Faun. Ital.* — Id., *Cat. poiss. Europ.*, p. 17.
Carcharodon rondeletii. Muller et Henle, *Plag.*, p. 70. — Dumér., *Elasmobr.*,
      p. 411. — Bocage et Capello, *Peix. Plagiost*, p. 13. —
      Gunth., *Cat. fish.*, t. VIII, p. 392.

Great-blue-Shark, Angleterre. — *Tubarao?* Portugal.

Ce squale qui habite la Méditerranée et l'océan Atlantique parvient à une taille considérable; son poids, suivant certains auteurs, peut

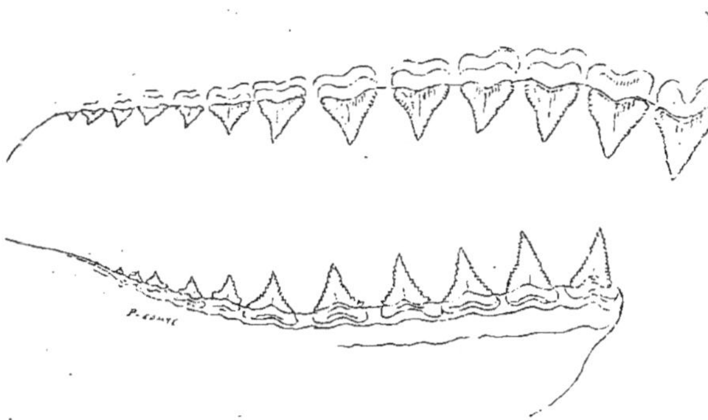

Fig. 14. — DENTITION DU CARCHARODON LAMIE.
(*Carcharodon lamia.*)

dépasser 3,000 livres et on en a pris qui mesuraient plus de 11 mètres de longueur. Sa bouche est énorme et ses dents nombreuses et fortes lui permettent de déchirer et d'engloutir, d'un seul coup, les proies les plus volumineuses. On trouve dans les terrains tertiaires des dents d'animaux de ce genre appartenant à plusieurs espèces; celles du *Carcharodon megalodon* qui sont les plus fortes, mesurent quelquefois de 8 à 10 centimètres de hauteur. Si on les compare à celles de l'espèce que nous décrivons ici, on trouve qu'elles devaient appartenir à des animaux gigantesques et qui pouvaient avoir près de 30 mètres de longueur.

On ne connaît dans la nature actuelle qu'une seule espèce de Carcharodon dont nous avons donné plus haut les principaux caractères.

Le corps de ce squale est d'un gris noirâtre à reflets bleuâtres sur le dos; le ventre est d'un blanc grisâtre. Les parties latérales de sa tête et de son museau sont pourvues de nombreux pores muqueux, sécrétant une abondante muquosité.

GENRE ODONTASPIDE.

Odontaspis, AGASSIZ.

Corps fusiforme, dépourvu de carènes et de sillons dans sa région caudale.

Tête légèrement renflée dans sa région interorbitaire.

Museau court, obtus et pourvu de nombreux pores muqueux. Events extrêmement petits. Narines rapprochées de la partie antérieure de la bouche et plus éloignées des yeux que du museau.

Mâchoires arquées et armées de dents épaisses, lancéolées et présentant à leur base des petits cônes aigus.

Fentes branchiales d'une hauteur modérée.

Première nageoire dorsale située entre les pectorales et les ventrales et dépourvue d'épine. Deuxième dorsale et anale bien développées. Pectorales commençant derrière la cinquième fente branchiale. Caudale à lobes très-inégaux.

Pl. 71. — SQUALE FÉROCE.

Squalus ferox.... Risso, *Ichth. Nice*, p. 38. — Blainv., *Faun. Franc.*, p. 87.
Carcharias ferox. Risso, *Europ. mérid.*, t. III, p. 122. — Guich., *Expl. Alg., poiss.*,
        p. 124.
Odontaspis ferox. Agass. *Poiss. Foss.*, t. III, p. 87 à 288, pl. G., fig. 1 (dents). —
        Müll. et Henle, p. 74. — Bonap., *Faun. Ital.* — Id., *Cat. P iss.*
        Europ., p. 17. — Dum., *Elasmobr.*, p. 418. — Gunth., *Cat. fish.*,
        t. VIII, p. 393.

Ce squale aux formes élancées, aux mouvements rapides, est un des plus redoutables habitants des mers. Il est propre à la Méditerranée où il est cependant assez rare. Il habite les eaux profondes et se rapproche rarement des rivages.

Son corps est, sur le dos, d'une coloration rougeâtre plus ou moins foncée, ses flancs sont plus clairs et parsemés, ainsi que le dos, de larges taches noirâtres. Son ventre est d'un gris rougeâtre.

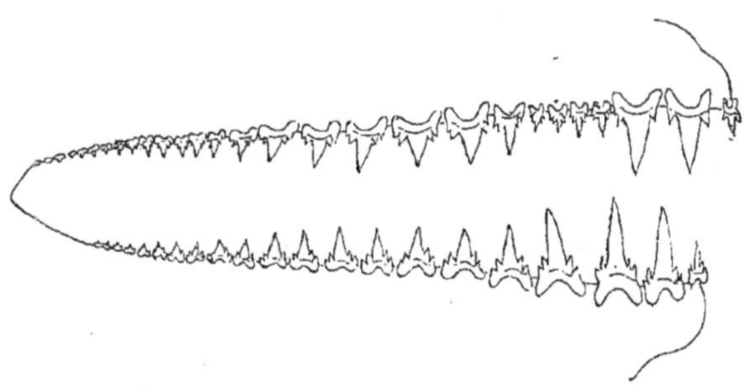

Fig. 15. — DENTITION DU SQUALE FÉROCE. (*Odontaspis ferox.*)

Sa nageoire caudale est très-longue et son lobe supérieur s'élargit à son extrémité ; son lobe inférieur est triangulaire.

Ses dents sont nombreuses, lancéolées et présentent à leur base deux petits cônes pointus. La dent médiane de chaque mâchoire est petite ; celles qui la suivent au maxillaire inférieur sont très-grandes, elles diminuent ensuite de hauteur à mesure qu'on approche de l'angle des mâchoires. A la mâchoire supérieure, au contraire, la dent médiane est suivie de deux dents très-fortes, après lesquelles on en voit quatre plus petites, puis une série de dents plus fortes qui diminue progressivement comme celles du maxillaire inférieur jusqu'à l'angle de la bouche.

On trouve dans la Méditerranée et dans l'océan Atlantique une autre espèce de ce genre, l'Odontaspis-taureau, (*Odontaspis taurus*) ; elle se distingue principalement de l'espèce précédente par ses dents qui n'ont qu'un seul cône aigu de chaque côté de leur base. Ses couleurs se rapprochent de celles du Squale-féroce, mais les taches de son corps sont plus petites.

GENRE RENARD.

Alopias, RAFINESQUE.

Corps court, arrondi, recouvert d'une peau presque lisse, et présentant un sillon dans sa région caudale.

Tête courte, museau conique et peu prolongé. Yeux arrondis et proéminents. Pas de membrane nictitante. Narines petites et pourvues d'une faible valvule. Évents excessivement petits. Fentes branchiales de peu d'étendue.

Bouche en forme de fer à cheval, armée de dents plates, triangulaires, sans dentelures et tranchantes. Pas de dents médianes.

Première dorsale sans épine et située entre les pectorales et les ventrales. Deuxième dorsale, ventrales et anale petites. Caudale à lobe supérieur démesurément allongé et presque aussi long que le reste du corps.

Pl. 72. — SQUALE RENARD.

Squalus vulpes... Lin., Gm. *Syst. Nat.* t. I, p. 1496. — Bloch, Schn., p. 127. —
    Blainv., *Faun. Franc.*, p. 94, pl. 14, fig. 1. — Cuv., *Règ. Anim.*,
    t. II, p. 388.
Carcharias vulpes. Risso, *Ichth. Nice*, p. 36. — Id., *Europ. Mérid.*, t. III, p. 120. —
    Guich., *Expl. Alg.*, p. 124.
Alopias vulpes ... Bonap., *Faun. Ital.*, pl. 134, fig. 1. — Id., *Cat. Poiss. Eur.*,
    p. 18. — Yarr., *Brit. fish.*, 3ᵉ édit., t. II, p. 512. — Mull. et
    Henle, p. 74., pl. 35. — Dumér., *Elasmobr.* p. 421. — Bocage
    et Capello, *Peix. Plagiost.*, p. 14.
Alopecias vulpes .. Gunth., *Cat. fish.*, t. VIII, p. 393.

Fox, Threser, Sea fox, Angleterre. — *Rapóso,* Portugal. —
Volpe di Mare, Italie. — *Pez zorro,* Espagne.

Ce squale qui habite la Méditerranée et l'Océan et que l'on prend
souvent dans le voisinage des côtes, était connu des Grecs sous le nom
d'*Alopias,* et des Romains sous celui de *Vulpes.* Il porte à Nice le nom de
Pei ratou, en Languedoc on le nomme *Peï espasa.* On l'appelle aussi

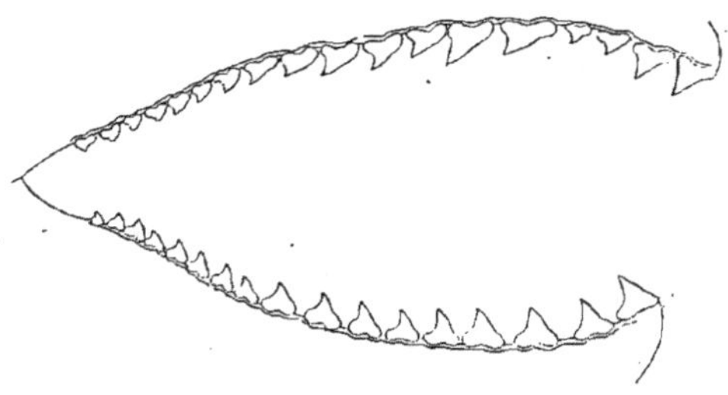

Fig. 16. — DENTITION DU SQUALE RENARD, (*Alopias vulpes.*)

Faux, Chien de mer, Renard marin, Singe de mer, etc., etc. Ses mouvements sont excessivement rapides et l'on prétend qu'à l'aide de sa queue,
il frappe les animaux dont il veut faire sa proie, les étourdit et les
dévore.

Le Renard peut atteindre une taille assez forte; elle varie entre
2 et 4 mètres et chez un individu de cette dimention, le lobe supérieur
de la queue ne mesurait pas moins de 1ᵐ,50.

Chez ce poisson, la première nageoire dorsale est sept fois plus haute que la seconde dont l'angle postérieur est très-aigu. Les nageoires pectorales sont grandes et falciformes ; les ventrales sont quadrilatères et leur bord postérieur est concave.

Le Squale renard a le corps d'un gris bleuâtre en dessus, blanc en dessous ; il présente quelquefois dans sa région ventrale des teintes rosées.

On mange quelquefois sa chair, mais elle est peu agréable.

GENRE PÈLERIN.

Selache, CUVIER.

Corps cylindrique recouvert d'une peau rugueuse, présentant de fines scutelles à pointe recourbée et pourvu d'une quille dans sa région caudale.

Tête conique ; museau long, en forme de trompe, aplati à sa face inférieure et présentant de nombreux pores muqueux. Yeux ronds, petits et placés de chaque côté de la base du museau à l'aplomb de la symphyse de la mâchoire inférieure. Pas de membrane nictitante. Events très-petits et situés sur une verticale passant par la commissure buccale et à la hauteur de l'œil.

Bouche très-large. Mâchoires armées d'une bande de dents petites, coniques, lisses et recourbées en arrière.

Cinq paires de fentes branchiales faisant presque le tour du cou.

Arcs branchiaux pourvus d'un appareil tamiseur constitué par des organes rigides, de nature calcaire et simulant des fanons.

Première nageoire dorsale située entre les pectorales et les ventrales. Seconde dorsale et anale très-petites. Pectorales falciformes et bien développées. Caudale en forme de croissant et à lobe supérieur plus long que l'inférieur.

Pl. 73. — SQUALE PÈLERIN.

Squalus maximus.......... Gunner, *Trondh. Selsk., Skrift.*, 1765, t. III, p. 33 pl.
      —Lin., *Syst. Nat.*, t. I, p. 400. — Lacép., t. I,
      p. 209. — Bloch, Schn., p. 134.
Basking shark............ Yarr., *Brit. fish.*, 3ᵉ édit., t. II, p. 508.
Squalus peregrinus......... Blainv., *An. mus.*, t. XVIII, p. 88, pl. 6.
Cetorhinus gunneri, homianus et shawianus. Blainv., *Bull. Soc. Philom.*, 1810,
      p. 169.
Cetorhinus blainvillei, Capello, *Journ. Acad. Sc. Lisb.*, nᵒ vii, p. 223, 1869.
Cetorhinus maximus .... Paul et Henri Gervais, *Mém. acad. scienc.*, 29 mai 1876,
      — Id., *Journ. zol.*, t. V, p. 319, pl. 13 et 14.
Selache maxima.......... Cuv., *Règn. anim.*, t. II, p. 390. — Nilss., *Skand. Faun.*
      p. 720. — Dum. *Elasm.*, p. 413. — Bocage et Capello,
      Plagiost., p. 14. — Gunth., *Cat.*, t. VIII, p. 394.
Squalus isodus............ Macri, *Att. acad. sc. napol.*, 1819, t. I, p. 55.
Squalus elephas .... Lesseur, *Journ. Ac. nat. sc. Phil.*, t. II, p. 343.
Squalus rashleighanus ...... (Monstr.) Couch, *Trans. Lin. Soc.*, t. XIV, p. 91.
Polyprosopus rashleighanus. Couch., *Brit. fish.*, t. I, p. 67, pl. 15.

Basking Shark, Sun fish, Sail-fish, Angleterre. — *Brugden,* Suède. — *Reuzenhaai,* Belgique.

Ce Squale que l'on nomme le plus communément *Pèlerin, Éléphant de mer, Squale géant, Poisson lézard, Squale à fanons,* se désigne aussi sous le nom de *Poisson à voile* à cause de l'habitude qu'il a de se tenir à la surface des eaux, hors de laquelle sa nageoire dorsale qui est très-développée fait saillie et ressemble assez, comme forme, à la voile d'une embarcation. Ce gigantesque animal, dont le corps rappelle assez par sa forme celui des Requins, se distingue des autres Squales par des particularités très-caractéristiques. Sa tête est relativement petite, sa gueule, au contraire, très-grande. Ses yeux sont arrondis et placés à l'aplomb d'une ligne qui passerait par la symphyse du maxillaire inférieur; ses évents ne forment qu'une faible ouverture comparable au trou auditif des Phoques, et son museau qui se prolonge antérieurement en une partie rétrécie et saillante, ressemblant à la base d'une trompe, est garni de nombreux pores muqueux et se termine par une courte saillie aplatie inférieuremént; c'est cette disposition que Lesueur a voulu rappeler lorsqu'il a décrit cet animal sous le nom de *Squale-éléphant*.

La bouche, excessivement vaste, est garnie sur ses mâchoires de dents disposées sur plusieurs rangées ; elles sont petites, coniques et recourbées en arrière.

Les fentes branchiales sont très-grandes ; elles vont, pour ainsi dire, de la ligne médio-dorsale à la ligne médio-inférieure du corps, et les expansions cutanées qui recouvrent les branchies constituent de longs feuillets flottants assez comparables à un collet formé de plusieurs doubles, comme il s'en voit au manteau des pèlerins ou au vêtement nommé *carrick* dont se revêtent les gens de certaines professions. Ces feuillets sont au

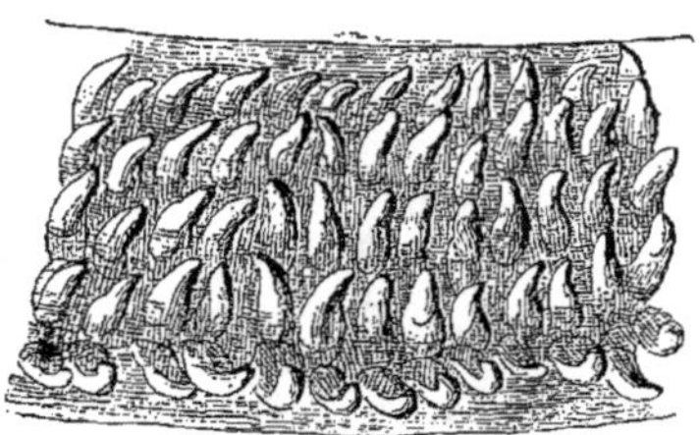

Fig. 17.

PORTION DE MAXILLAIRE INFÉRIEUR DE SQUALE PÈLERIN. (*Selache maxima.*)

nombre de cinq paires : une paire pour chaque ouverture branchiale.

Les vertèbres de cet animal ne ressemblent pas, par leur structure, à celles des autres Squales. Elles sont formées de deux sortes de tissus cartilagineux, et, si on en fait une coupe, on remarque que ces tissus sont disposés par zones concentriques, ou plutôt par cylindres emboîtés les uns dans les autres. Au-dessus et au-dessous de la vertèbre, dans le sens de la longueur, on voit une paire de fossettes allongées dans lesquelles viennent prendre insertion, supérieurement, les deux branches du chevalet fournies par le cartilage des neurapophyses, inférieurement, les cartilages hémapophysaires. La coupe de la vertèbre à ce niveau donne tout à fait l'image d'une croix de Malte dont les vides sont comblés par les cylindres dont nous avons déjà parlé.

Mais ce qui frappe le plus chez ce Squale, c'est la présence, dans l'intérieur de sa bouche, en avant des lames branchiales et implantés sur les arcs branchiaux, de sortes de *crins* formant des herses et permettant à l'animal de tamiser sa nourriture, qui consiste en petits animaux marins. C'est cette particularité qui l'a fait nommer *Squale à fanons*. Mais ces organes n'occupent pas la place des fanons des cétacés, et leur structure peut se ramener à celle des dents que l'on trouve en avant des branchies de certains poissons ou à celle des tubercules qui garnissent la peau des raies. Ces organes piliformes sur lesquels M. Capello a le premier attiré l'attention des naturalistes dans un mémoire publié dans le *Journal de l'Académie des sciences* de Lisbonne en 1869, ont été étudiés depuis par MM. P. et H. Gervais, Strenstrup, Van Beneden, etc.

Les nageoires dorsales sont au nombre de deux : la première très-haute, a son angle supérieur arrondi ; elle est plus rapprochée des ventrales que des pectorales. La seconde dorsale n'a que le quart de la hauteur de la première. Les pectorales, insérées immédiatement en arrière de la dernière fente branchiale, sont longues et falciformes ; les ventrales sont assez développées, et la caudale, en forme de croissant, a son lobe supérieur beaucoup plus long que l'inférieur.

Les scutelles qui hérissent la peau du Pélerin sont petites, disposées par bandes, et le corps a, dans certaines régions, un aspect ridé.

La taille de ce Squale est quelquefois très-considérable, on en a pris de plus de douze mètres de long ; celui qui est conservé au Museum de Paris avait au moins huit mètres. Le sujet sur lequel nous avons étudié la structure des fanons et dont le Museum possède un certain nombre de préparations anatomiques a été pris, le 27 avril 1876, à Concarneau (Finistère) sa longueur était de trois mètres 65 centimètres, il pesait deux cent cinquante kilogrammes. Il est très-difficile de conserver ces animaux dans les musées ; ils se déforment en séchant et perdent une partie de leurs caractères ; c'est ce qui explique pourquoi les figures qu'en ont donné les différents auteurs diffèrent tant entre elles.

Le Squale Pèlerin habite l'océan Atlantique, surtout dans ses parties froides, et se rapproche rarement des côtes. On en a pris un exemplaire dans la Méditerranée, mais il ne pénètre dans cette mer qu'accidentellement. Il était très-abondant autrefois *sur les côtes* de Norwége, où, suivant M. Baars, on en faisait une pêche spéciale, mais il a aujourd'hui presque abandonné ces parages.

Son corps est d'un gris d'ardoise assez foncé par place, son ventre est plus clair.

FAMILLE DES NOTIDANIDÉS.

NOTIDANIDÆ.

Cette famille, qui ne comprend qu'un seul genre, le genre Notidanus, est représentée sur nos côtes par deux espèces, qui sont : le *Notidanus griseus,* et le *Notidanus cinereus.* Une troisième espèce, le *Notidanus platicephalus,* se trouve aussi dans la Méditerranée, mais loin de nos côtes ; enfin une quatrième est propre à l'océan Indien : c'est le *Notidanus indicus.*

Ces poissons ont six ou sept paires d'ouvertures branchiales ; les dents qui arment leurs mâchoires sont de forme différente suivant les régions qu'elles occupent ; leurs évents sont petits ; ils n'ont point de membrane nictitante et leur nageoire dorsale est dépourvue d'épines.

GENRE GRISET.

Notidanus, Cuvier.

Corps allongé, fusiforme, dépourvu de sillon dans sa région caudale et recouvert d'une peau rude, garnie de scutelles aiguës et à carènes saillantes.

Tête de forme naviculaire; museau court et arrondi. Bouche largement fendue. Yeux grands, sans membrane nictitante. Évents très-petits et placés sur le côté du cou. Narines plus rapprochées du museau que de l'œil.

Six ou sept fentes branchiales.

Mâchoires armées de dents de forme différente, suivant les régions qu'elles occupent.

Une seule nageoire dorsale opposée à l'anale et dépourvue d'épines.

Région caudale longue, peu élevée et pourvue d'une nageoire dont le lobe supérieur est échancré et l'inférieur peu développé.

Pl. 74. — GRISET.

Squalus griseus....... Lin., Gm. t. I, p. 1495. — Bloch, Schn., p. 129. — Risso, *Ichth. Nice,* p. 37.
Monopterhinus griseus. Blainv., *Faun. Franç.,* p. 77.
Notidanus griseus.... Cuv., *Règn. Anim.,* t. II, p. 390. — Bonap., *Faun. Ital.* — Id., *Cat. Poiss. Europe,* p. 17. — Bocage et Capello, *Peix. plagiost.,* p. 15. —Gunth., *Cat. fish.,* t. VIII, p. 397.
Notidanus monge..... Risso, *Eur. mérid.,* t. III, p. 129.
Hexanchus griseus.... Muller et Henle, p. 80. — Yarr., *Brit. Fish.,* 3ᵉ édit., t. II, p. 515. —Duméril, *Elasmobr.,* p. 431.

Six-Gilled Shark, Angleterre. — *Albafar,* Portugal. — *Poqui dulce,* Espagne. — *Capo-Piatto, Capo-Chiatto, Pesce mamzo, Pesce bove,* Italie.

Ce Squale, que l'on prend dans la Méditerranée et dans l'océan Atlan-

tique, se nomme, à Nice, *Mounge*; à Cette, *Bouca douça*. Il est assez
rare sur nos côtes ; plus commun, au contraire, sur celles de Portugal.
Sa taille peut atteindre et même dépasser trois mètres, et il vit dans les
eaux peu profondes. Sa chair est peu estimée.

Le Griset, dont nous avons donné les caractères principaux en
décrivant le genre auquel il appartient, a les premières dents de la mâchoire supérieure coniques et pointues ; les trois qui suivent ont un talon
d'abord peu apparent, mais qui, dans les dents situées plus en dehors, se
montre garni de petites dentelures. La mâchoire inférieure a une dent
médiane dentelée sur ses deux bords; celles qui viennent ensuite
sont dentelées sur leur bord externe, qui est très-oblique.

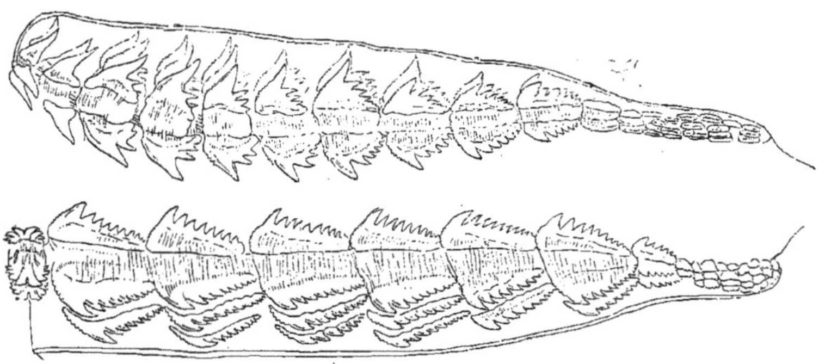

Fig. 18. — DENTITION DU GRISET. (*Notidanus griseus.*

Les fentes branchiales sont au nombre de six.

Ce Squale a les parties supérieures du corps d'un gris foncé; ses
flancs sont gris roussâtre, son ventre est gris clair.

Citons, comme appartenant à ce genre, un Squale qui est assez rare
sur nos côtes, soit Méditerranéennes, soit de l'Atlantique, et que l'on
désigne sous le nom de *Perlon* (*Notidanus cinereus*). Les Italiens l'appellent *Pesce anciolo,* les Niçois, *Mounge gris;* il se distingue du précédent
par le nombre de ses fentes branchiales qui sont au nombre de sept;
sa tête est aussi plus longue. Ses dents supérieures sont en forme de
crochet recourbé en dedans et munies d'une dentelure de chaque côté
de leur base. Il n'y a pas de dent médiane à la mâchoire supérieure;

celle de l'inférieure est aiguë et mince et porte de chaque côté de sa base des petites dentelures. Le premier cône de ses dents inférieures est plus long que les autres et porte un ou deux petits cônes secondaires à sa base.

Le corps de ce Squale est gris bleuâtre en dessus, plus clair sur les flancs et le ventre.

FAMILLE DES SCYLLIIDÉS.

SCYLLIIDÆ.

Ces poissons, que l'on a désigné sous le nom de Roussettes, à cause de la coloration rousse ou jaunâtre de leur corps, se trouvent dans toutes les mers tempérées et tropicales. La famille à laquelle ils appartiennent renferme un petit nombre de genres dont deux seulement fréquentent habituellement nos côtes; ce sont les genres Roussette et Pristiure.

Ces poissons ont cinq ouvertures branchiales de chaque côté; leurs évents sont situés en arrière et près des yeux ; leur bouche est armée de dents nombreuses, fines et aiguës. Ils n'ont pas de membrane nictitante. Leurs nageoires dorsales sont au nombre de deux et dépourvues d'épines.

GENRE ROUSSETTE.

Scyllium, Cuvier.

Corps peu élevé, allongé et diminuant graduellement de hauteur jusqu'à sa partie postérieure.

Tête aplatie supérieurement, museau court et obtus. OEil grand, sans membrane nictitante. Narines placées près de la bouche. Évents situés en arrière des yeux.

Bouche grande, présentant à sa mâchoire inférieure un cartilage labial. Dents petites, triangulaires, et portant à leur base une ou deux dentelures moins élevées.

Cinq ouvertures branchiales au-dessus des pectorales.

Deux nageoires dorsales dépourvues d'épines; la première de ces nageoires est placée au-dessus et en arrière des ventrales.

Anale située entre les deux dorsales.

Région caudale se prolongeant avec l'axe du corps. Lobe supérieur de la nageoire caudale long, lobe inférieur triangulaire.

Pl. 75. — GRANDE ROUSSETTE.

Squalus canicula........ Lin., *Syst. Nat.*, t. I, p. 399. — Risso, *Eur. mérid.*, t. III, p. 146. — Brun., *Ichth. Mass.*, p. 5. — Bloch., pl. 114. — Bloch, Schn., p. 127. — Risso, *Ichth. Nice*, p. 29.

Scyllium canicula........ Cuv., *Règn. Anim.*, t. II, p. 386. — Bonap., *Faun. Ital.* — Id., *Cat. poiss. Eur.*, p. 19. — Muller et Henle, p. 6, pl. 7. — Yarrell, *Brit. fish.*, t. II, p. 487. — Nilss., *Skand. Faun. Fisk.*, p. 711. — Duméril, *Elasmobr.*, p. 315. — Bocage et Capello, *Peix. plagiost.*, p. 11. — Gunth., t. VIII, p. 402.

Scylliorhinus catulus..... Blainville, *Faun. Franç.*, p. 69, pl. 17, fig. 1.

Spoted-dog-fish, Angleterre. — *Hondshaai,* Hollande. — *Gelber Hay,* Allemagne. — *Patarroxa,* Portugal. — *Gattuccio, Cagnetto, Gattina, Gattuso,* Italie. — *Pintarroja,* Espagne.

La Grande Roussette est très-commune dans la Méditerranée et sur toutes les côtes de l'Europe baignées par l'Atlantique. Elle se plaît dans les fonds vaseux et couverts d'algues au milieu desquelles elle dépose ses œufs qui sont assez semblables à ceux des raies. Elle se nourrit de petits poissons, de crustacés et de mollusques. Sa chair, qui a une odeur particulière, est peu agréable. Sa peau est employée dans le commerce de la gaînerie sous le nom de *Galuchat à petit grain.*

Ce Squale a sa première dorsale assez reportée en arrière; elle est oblique et tronquée postérieurement. La seconde dorsale, à peu près de même forme, est de moitié plus petite. Les nageoires pectorales sont assez larges; les ventrales étroites et triangulaires; l'anale est basse et de forme rectangulaire. La caudale est tronquée obliquement à son extrémité, son lobe inférieur est triangulaire.

Ce poisson, dont la taille ne dépasse jamais deux mètres, a les parties supérieures du corps d'un gris roussâtre parsemé de taches brunes ou noires, petites et irrégulières. Le dessous de son corps est d'un blanc sale.

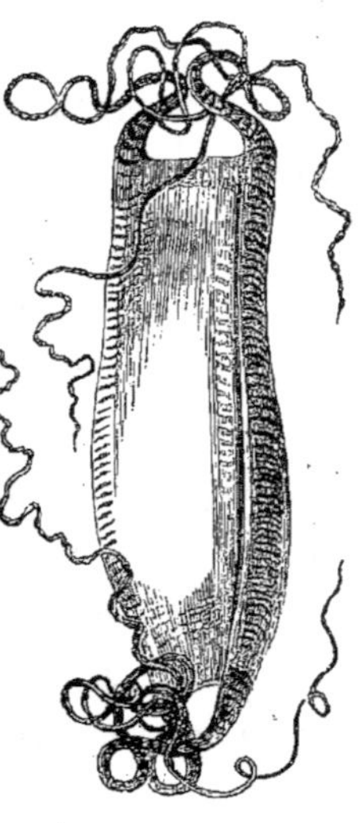

Fig. 19.

ŒUF DE GRANDE ROUSSETTE
(*Scyllium canicula.*)

Les Niçois l'appellent *Pintonousson;* les Languedociens, *Cata, Cata roussa;* ses noms les plus communs sont : *Grande Roussette, Roussette, Chat marin, Roussette tigrée, Vache de mer.*

Ces poissons sont ovipares, et leurs œufs sont munis, à leurs extrémités, de longs prolongements contournés sur eux-mêmes.

Pl. 76. — PETITE ROUSSETTE.

Squalus stellaris .... Lin., *Syst. Nat.*, t. I, p. 399. — Risso, *Ichth. Nice*, p. 31. — Id., *Eur. mérid.*, t. III, p. 116.

Scyllium catulus .... Cuv., *Règn. Anim.*, t. II, p. 386. — Muller et Henle, p. 9, pl. 7. — Bocage et Capello, *Peix. plagiost.*, p. 11. — Duméril., *Elasmobr.* p. 316.

Scyllium stellare .... Bonap., *Faun. Ital.* — Id., *Cat. Poiss. Eur.*, p. 19. — Flem., *Brit. An.*, p. 165. — Gunther, *Cat. Fish.*, t. VIII, p. 402.

Scylliorhinus stellaris .. Blainv.. *Faun. Franç.*, p. 71, fig. 2.

Large spotted Dog-Fish, Angleterre. — *Gata*, Portugal. — *Gatta-pardo, Gatta-Schiava, Gatta-d'aspreo, Gattu-pardu*, Italie. — *Pintarroja*, Espagne.

Ce poisson, qui habite les mêmes mers que le précédent, est généralement désigné, sur nos côtes, sous le nom de *Petite roussette, Panthère de mer, Squale Rochier*, etc.; on le nomme, à Nice, *Gatta d'arga*, et, dans

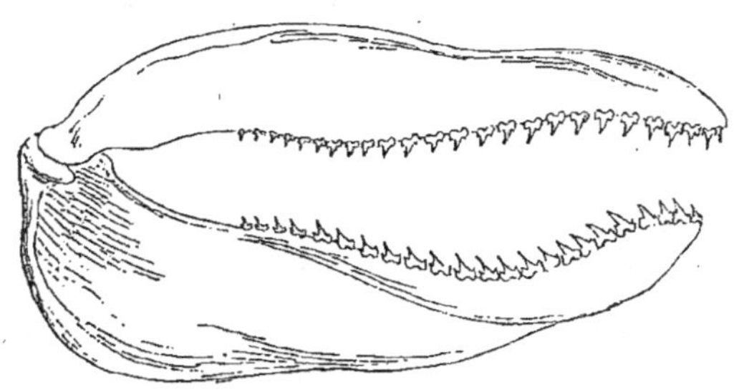

Fig. 23. — DENTITION DE LA PETITE ROUSSETTE. (*Scyllium catulus.*)

le Languedoc, il porte le nom de *Cata rouquieira*. Il se distingue de l'espèce précédente par la forme de son corps qui est plus trapu et la moindre longueur de son museau. Ses nageoires ventrales sont coupées presque carrément. Les dents de ce poisson, comme celles de l'espèce précédente, sont munies de pointes latérales qui manquent quelquefois chez l'adulte au maxillaire inférieur.

Les taches qui recouvrent le corps de la petite Roussette sont beaucoup plus grandes et plus prononcées que celles de l'espèce précé-

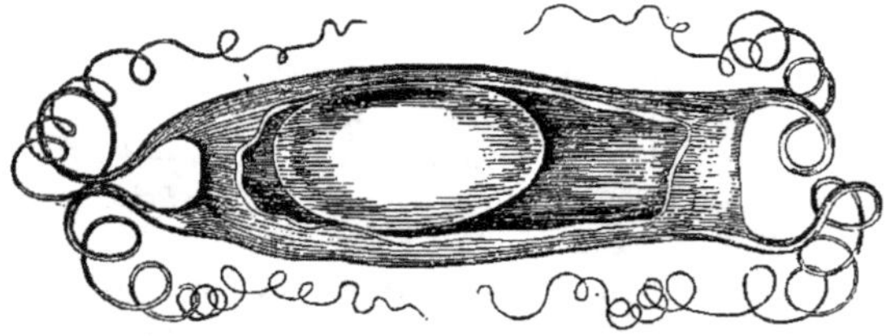

Fig. 21. — ŒUF DE LA PETITE ROUSSETTE. (*Scyllium catulus.*)

dente. Les œufs de ce poisson diffèrent aussi, par la longueur de leurs filaments, de ceux de la grande Roussette.

Ce poisson pond du mois de janvier au mois de mai.

GENRE PRISTIURE.

Pristiurus, BONAPARTE.

Corps allongé et fusiforme.

Tête large à sa base. Museau long. Narines placées entre la commissure buccale et l'extrémité du museau, et à valvule courte. Évents en arrière des yeux.

Cinq fentes branchiales.

Dents petites, tricuspides.

Deux nageoires dorsales dépourvues d'épines, la première placée au-dessus ou en arrière des ventrales. Anale située en avant de la seconde dorsale. Caudale pourvue, de chaque côté de son bord supérieur, d'un nombre considérable de petites épines.

Pl. 77. — SQUALE A BOUCHE NOIRE

Sqalus catulus.............. Gunner, *Trondh. Selsk. Skrist.*, t. II, p. 249.
Squalus prionurus.......... Otto, *Conspect.*, p. 5.
Scyllium artedi .... Risso, *Eur. mérid.*, t. III, p. 117.
Squalus annulatus .... Nilss., *Prodr.*, p. 114.
Scylliorhinus delarochianus . Blainv., *Faun. Franç.*, p. 74.
Pristiurus melanostomus.... Bonap., *Faun. Ital.* — Id., *Cat. poiss. Eur.*, p. 19. —
         Muller et Henle, p. 15, pl. 7. — Yarr., *Brit. Fish.*,
         2e édit., t. II, p. 375. — Duméril, *Elasmobr.*, p. 325.
         — Gunth., *Cat. fish.*, t. VIII, p. 406.
Scyllium annulatum .... Nilss., *Skand. Faun.*, p. 713.
Pristiurus artedi .... Bocage et Capello, *Peix. plagiost.*, p. 11.

Black-mouthed Dog-Fish, Angleterre. — *Haae-Cjäle*, Suède. — *Leitáo*,
         Portugal.

Cette espèce se prend dans la Méditerranée, dans l'océan Atlantique, la Manche, la mer du Nord, etc.

On la nomme, à Nice, *Lambardà*. Sa chair est de mauvais goût. La femelle se distingue du mâle par une taille plus forte et par des ventrales plus petites. Les œufs de ce poisson sont arrondis à l'une de leurs extrémités et sont dépourvus en ce point de filaments de suspension.

Fig. 22.

(*Pristiurus melanostomus.*)

Le Squale à bouche noire a le dos d'un brun grisâtre, les flancs sont plus clairs, le ventre est gris. Sur toutes les parties supérieures du corps et des flancs se voient de belles taches oblongues entourées d'un cercle blanc. L'intérieur de la bouche de ce poisson est d'un bleu noirâtre, d'où lui vient son nom de Squale à bouche noire. Ses dents sont munies de une ou deux dentelures de chaque côté de leur base.

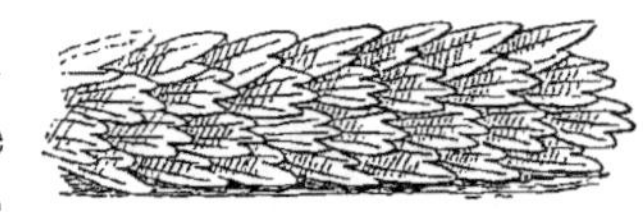

Fig. 23.

(*Pristiurus melanostomus.*)

La nageoire caudale porte, sur la moitié de son bord supérieur, une série de petites écailles qui lui donnent l'aspect d'une scie, d'où le nom générique de *pristiurus* donné à ce poisson.

FAMILLE DES SPINACIDÉS.

SPINACIDÆ.

La famille des Spinacidés comprend un certain nombre de genres dont quelques-uns sont représentés sur nos côtes. Les poissons qui la composent ont pour caractères d'avoir deux nageoires dorsales et de manquer d'anale. L'ouverture de leurs évents est plus ou moins large, et leurs fentes branchiales sont généralement petites.

Leur bouche est armée de dents variables comme forme; elle présente en outre à chacun de ses angles des sillons assez marqués.

La distribution géographique des Spinacidés est assez étendue, et quelques-uns sont recherchés à cause de l'huile qu'on retire de leur foie. La voracité de ces squales est très-grande.

GENRE HUMANTIN.

Centrina, Cuvier.

Corps court, de forme prismatique, effilé aux extrémités.

Tête petite, museau peu allongé et obtus. Bouche peu fendue et présentant un sillon profond de chaque côté de la commissure. Yeux grands, sans membrane nictitante.

Évents larges et situés derrière l'œil. Narines reportées très en avant.

Dents supérieures longues et coniques, un peu convexes sur leur face antérieure, et obliques en dehors. Dents inférieures triangulaires et à bords finement dentelés. Point de dents médianes aux deux mâchoires.

Deux nageoires dorsales portant chacune une forte épine. Pas de nageoire anale. Caudale à lobes presque égaux, opposés l'un à l'autre et presque confondus.

Fentes branchiales de peu d'étendue.

Pl. 78. — SQUALE HUMANTIN.

Galeus centrina .... Gesner, *De Aquat.*, pp. 63, 64.
Squalus centrina .... Lin., *Syst. Nat.*, t. I, p. 398. — Bloch, Schn., p. 26. — Brünn., *Pisc. Mass.*, p. 3. — Risso, *Ichth. Nice*, p. 42. — Cuv., *Règn. Anim.*, t. II, p. 392.
Squalus (Acanthorhinus) centrina. Blainv., *Faun. Franç.*, p. 61, pl. 15, fig. 1.
Centrina Salvani .... Risso, *Europ. mérid.*, t. III, p. 135. — Bonap., *Faun. Ital.* — Id., *Cat. poiss. Eur.*, p. 16. — Muller et Henle, p. 87. — Bocage et Capello, *Peix. plagiost.*, p. 32. — Gunth. *Cat. Fish.*, t. VIII, p. 417.
Oxynotus centrina .... Duméril, *Elasmobr.*, p. 444.

Peixe porco, Portugal. — *Porco di mar, Marzapani,* Italie.

Le *Humantin* se prend dans la Méditerranée et l'océan Atlantique

Aux environs de Nice, on l'appelle *Pourc marin*; sur les côtes du Languedoc, où il est plus rare, on le désigne sous le nom de *Peï pourc;* on le nomme aussi *Cochino* et *Peixe porco* en Provence. Ses noms les plus usités sont ceux de *Renard de mer, Porc marin.*

Ce poisson, dont la taille n'est jamais considérable, est moins dangereux que les autres squales; il se rapproche rarement des côtes et vit solitaire. Sa chaire est dure et de peu de valeur.

Sa première nageoire dorsale est très-développée; ses bords antérieurs et postérieurs sont obliques et parallèles, son bord supérieur est concave. Un fort aiguillon, dirigé presque verticalement, va faire saillie sur le milieu du bord antérieur. La forme de cette nageoire est celle d'un trapèze. La seconde nageoire dorsale est plus petite que la première, son angle antérieur très-aigu, et son aiguillon, implanté obliquement, a sa pointe dirigée en arrière. Les nageoires pectorales sont longues et lancéolées; les ventrales sont opposées à la seconde dorsale.

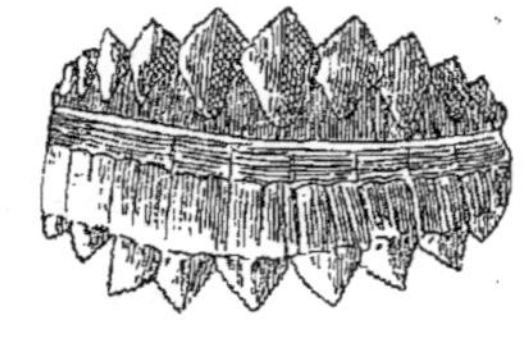

Fig. 24.

DENTITION DU SQUALE HUMANTIN. (*Centrina Salviani.*)

Portion du maxillaire inférieur.

La caudale est deux fois plus longue que large, ses deux lobes sont opposés l'un à l'autre; le supérieur est fulciforme, l'inférieur est presque triangulaire.

Les parties supérieures du corps de ce poisson sont d'un brun noir assez foncé. Cette couleur est plus claire sur les flancs et passe au blanc grisâtre sur le ventre. Les nageoires sont d'un brun clair.

La figure 24 représente une partie des dents de la mâchoire inférieure de ce squale; en haut se voit la première rangée de dents. Celles qui sont en bas sont celles de la dernière rangée, qui étaient encore appliquées contre la face interne du maxillaire. Nous renvoyons aux caractères du genre pour la description de ces dents.

GENRE ACANTHIAS.

Acanthias, BONAPARTE.

Corps allongé et peu élevé.

Tête aplatie; museau long et plus ou moins pointu. Bouche faiblement arquée et pourvue de chaque côté d'un fort sillon. Dents semblables aux deux mâchoires, petites, à pointe rejetée en dehors, et tranchantes; pas de dents médianes. Yeux de forme ovalaire et dépourvus de membrane nictitante. Évents assez grands et placés immédiatement en arrière des yeux.

Deux nageoires dorsales pourvues chacune d'une épine.

Pas de nageoire anale.

Pl. 79. — AIGUILLAT.

Galeus acanthias... Rondel., p. 373. — Gesn., *De Aquat.,* p. 607.
Mustellus spinax... Bell., *De Aquat.,* p. 69, 70.
Squalus acanthias.. Lin., *Syst. Nat.,* t. I, p. 397. — Bloch, pl. 85. — Bloch, Schn., pl. 125. — Risso, *Ichth. Nice,* p. 40. — Turton, *Brit. Faun.* Blainv., *Faun. Franç.,* p. 57.
Spinax acanthias... Cuv., *Règ. Anim.,* t. II, p. 391. — Bonap., *Faun. Ital.*
Acanthias vulgaris.. Risso, *Europ. mérid.,* t. III, p. 131. — Mull. et Henle, p. 83. —Yarrell, *Brit. fish.,* 2ᵉ édit., t. II, p. 524.—Nilss. Skand., *Faun. Fisk.,* p. 731. — Dumér., *Elasmobr.,* p. 437. — Boc. et Cap. *Peix. plagiost.,* p. 21. — Gunth., *Cat. Fish.,* t. VIII, p. 418.

Haafur, Islande. — *Picked Dog-Fish,* Angleterre. — *Dornhund,* Allemagne. — *Haafish,* Danemarck. — *Hay,* Suède. — *Specrhaei, Doornhaai,* Hollande. — *Galhudo,* Portugal. — *Jerron,* Espagne. — *Palombo pinticchiato, Ljatu imperiale,* Italie.

Ce poisson était connu des anciens naturalistes. Aristote et Athénée en font mention sous le nom de Squale épineux. Il habite la Méditerranée, l'océan Atlantique, la Manche, etc. On le prend aussi au delà du cap de Bonne-Espérance, dans les eaux de l'Ile Bourbon, et il a été signalé sur les côtes d'Australie.

Les Aiguillats voyagent ordinairement par bandes assez nombreuses et s'acharnent après les bancs de hareng; ils sont très-voraces et se nourrissent principalement de poissons.

Ce Squale porte à Nice le nom d'*Aiguillat*, à Cette celui de *Agúiat ;* sa taille ordinaire est de soixante-dix à soixante-quinze centimètres.

Sa première nageoire dorsale, qui est peu développée, a son angle postérieur assez allongé ; elle porte en avant une épine. La seconde dorsale, moins développée que la première, est à peu près de même forme ; elle est pourvue, comme la première, d'un piquant assez fort. Les pectorales sont grandes et triangulaires; les ventrales sont rectangulaires. La caudale est falciforme et son lobe supérieur assez développé.

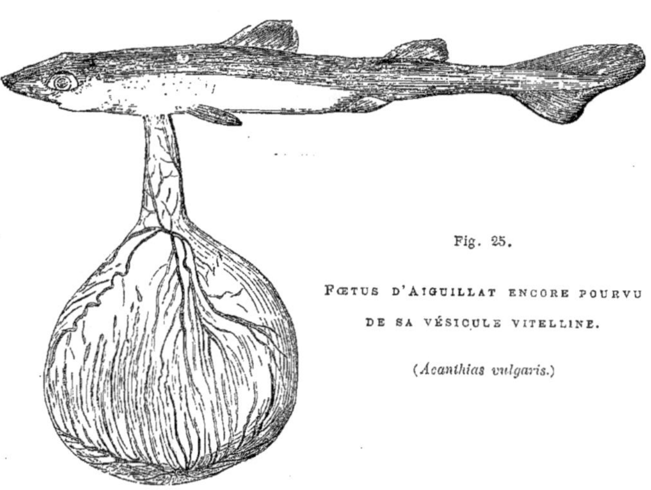

Fig. 25.

Fœtus d'Aiguillat encore pourvu de sa vésicule vitelline.

(*Acanthias vulgaris.*)

Ce Squale a le corps d'un gris brunâtre plus ou moins foncé sur le dos ; les flancs sont plus clairs et nuancés de violet, le ventre est presque blanc. Quelques sujets portent, le long du dos et au-dessous de la ligne latérale, de petites taches d'un blanc laiteux.

La figure 25 représente un fœtus de cette espèce encore pourvu de sa vésicule vitelline.

On trouve encore, dans les mêmes régions, un autre Squale qui est l'Acanthias de de Blainville (*Acanthias Blainvillei*), qui, tout en ressemblant au précédent, s'en distingue cependant par un museau plus

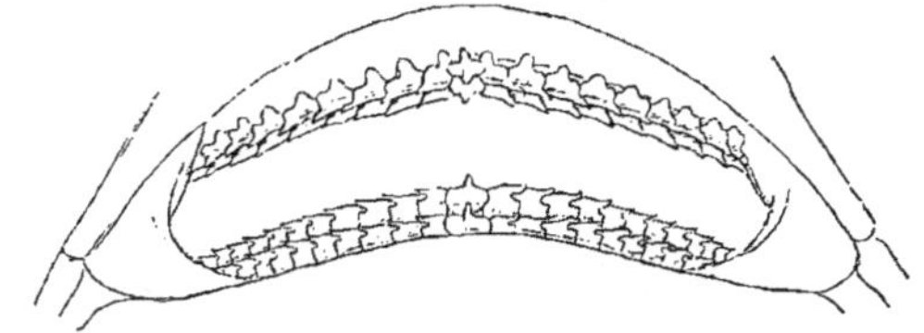

Fig. 26. — DENTITION DE L'ACANTHIAS DE DE BLAINVILLE.
(*Acanthias Blainvillei*.)

allongé, un corps moins comprimé et par l'aiguillon de sa seconde nageoire dorsale qui est plus fort que celui de la première.

Les dents de ce poisson sont semblables aux deux mâchoires et leur pointe est rejetée en dehors; nous représentons sa dentition fig. 26.

GENRE SPINAX.

Spinax, MULLER ET HENLE.

Corps allongé, arrondi dans sa région dorsale et recouvert de scutelles à épines saillantes donnant au poisson un aspect rugueux.

Tête très-aplatie, museau allongé, bouche large, peu arquée et présentant de chaque côté un sillon assez marqué. Yeux grands et dépourvus de membrane nictitante. Évents larges et situés en arrière des yeux. Narines placées près de l'extrémité du museau. Mâchoire supérieure armée de dents à pointe médiane allongée et pourvues, de chaque côté, de une ou deux dentelures.

Dents de la mâchoire inférieure à pointe dirigée en dehors.

Deux nageoires dorsales pourvues d'une épine.

Pas de nageoire anale.

Appendices copulateurs du mâle pourvus d'une épine acérée.

Pl. 80. — SAGRE.

Galeus acanthias. Willugby, p. 57.
Squalus spinax... Lin., *Syst. Nat.,* t. 1, p. 398. — Bloch, Schn., p. 135. — Risso,
    Icht. Nice, p. 41. — Id., *Europ. mérid.,* t. III, p. 132.
Squalus gunneri.. Reinhardt, *Dansk. Selsk. Förh.,* t. I, p. 16.
Spinax niger..... Bonap., *Faun. Ital.* — Id. *Cat. Poiss. Europ.,* p. 16. — Agass.,
    Poiss. Foss., t. III, p. 92, pl. B, fig. 5. — Mull. et Henle, p. 36.
    Nilss. *Skand., Faun. Fisk.,* p. 729. — Dumér., *Elasmobr.,*
    p. 441. — Gunth., *Cat. Fish.,* t. VIII, p. 424.

Blaataske, Norwége. — *Diavulicchio de mare, Sagri, Moretto,* Italie.

Ce Squale habite la Méditerranée et l'océan Atlantique, mais il n'a pas encore été signalé sur les côtes de l'ouest de l'Europe baignées par cet Océan. On le prend, au contraire, en abondance sur les côtes de Norwége, et les pêcheurs de ce pays tirent de son foie une huile très-légère.

La mâchoire supérieure de ce poisson est armée de dents présentant de trois à cinq pointes ; la pointe médiane est très-allongée et en a une ou deux autres plus petites de chaque côté. Les dents de la mâchoire inférieure ont une forme toute différente : elles sont larges, presque carrées et leur pointe est déjetée en dehors.

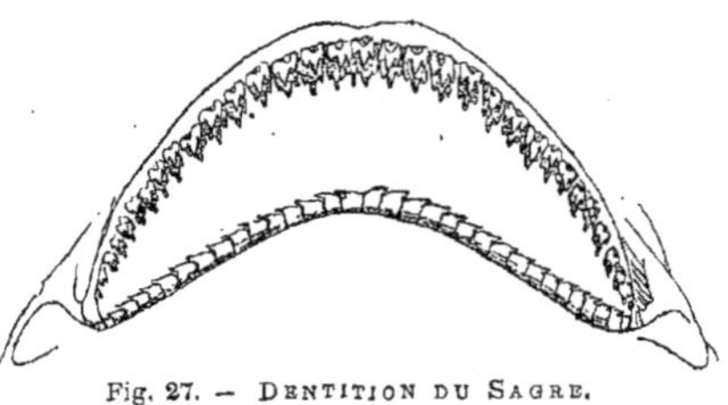

Fig. 27. — DENTITION DU SAGRE.
(*Spinax niger.*)

La première nageoire dorsale naît à la fin du premier tiers du corps du poisson ; elle est allongée, sa forme est celle d'un parallélogramme, et elle est pourvue dans sa région antérieure d'un aiguillon assez court. La seconde dorsale a à peu près la même forme que la première, mais son angle postérieur est plus allongé et plus aigu.

L'épine de cette nageoire est un peu plus fort que celle qui arme la première dorsale.

Les nageoires pectorales sont peu développées et tronquées ; les ventrales sont de forme trapézoïde et leur angle postérieur est très-aigu. La caudale a son lobe supérieur allongé, son lobe inférieur triangulaire.

Corps d'un gris noirâtre, plus foncé dans sa région ventrale que sur le dos ; muqueuse tapissant l'intérieur de la bouche, noire comme dans le genre Pristiure.

GENRE LEICHE

Scymnus, Cuvier

Corps fusiforme, allongé et recouvert de très-petites scutelles.

Tête courte, museau obtus. Bouche pourvue d'un profond sillon à chaque angle. Dents supérieures longues, pointues, inclinées en arrière et en dehors. Dents inférieures triangulaires, tranchantes, légèrement obliques et finement dentelées. Yeux assez grands, sans membrane nictitante. Évents larges et placés en arrière des yeux.

Deux nageoires dorsales dépourvues d'épine ; pas de nageoire anale.

Cinq fentes branchiales peu développées de chaque côté.

Pl. 81. — LICHE.

Squalus americanus...... Lin., Gm. t. I, p. 1503. — Bloch, Schn., p. 136.
Squalus nicœensis....... Risso, *Ichth. Nice*, p. 43, pl. 4, fig. 6. |
Scymnus lichia......... Cuv., *Reg. An.*, t. II, p. 302. — Bonap., *Faun. Ital.* —
                    Muller et Henle, p. 92. — Agass., *Poiss. Foss.*, .

pl. F, fig. 7 (dents). — Dumér., *Elasmobr.*, p. 452. — Bocag. et Capel., *Peix. plagiost.*, p. 34.— Gunth., *Cat.*, t. VIII, p. 425.

Scymnus nicœensis...... Risso, *Europ. Mérid.*, t. III, p. 136, pl. 2, fig. 4.
Scymnorhinus lichia..... Bonap., *Cat. Poiss. Europ.*, p. 16.
Acanthorinus americanus. Blainv., *Faun. Franç.*, p. 63, pl. 15, fig. 12.

Pesce notte, Italie. — *Lixa de pau,* Portugal.

Ce Squale, que l'on nomme *Liche, Leiche, Gatte,* etc., porte à Nice les noms de *Gatto de fount, Gatta causiniera;* il est rare sur nos côtes méditerranéennes, plus commun au contraire dans l'océan Atlantique sur celles de Portugal. Sa taille peut atteindre deux mètres; il vit surtout dans les eaux profondes et sa chair est de mauvais goût.

Nous représentons, figure 28, la dentition de ce Squale, dont les dents sont différentes aux deux mâchoires et dont nous avons donné la forme en décrivant les caractères du genre.

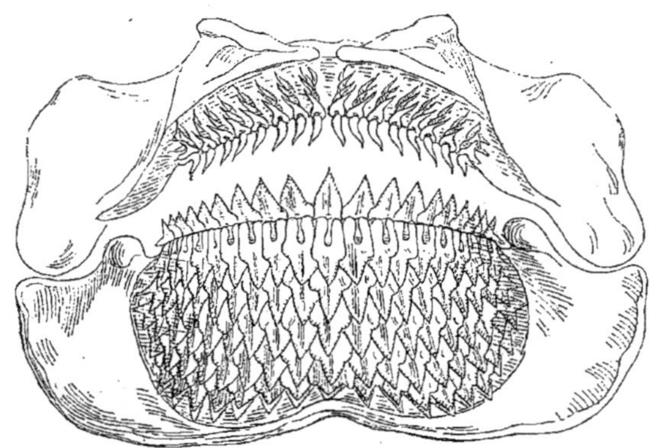

Fig. 28. — DENTITION DE LA LICHE. (*Scymnus lichia.*)

La première nageoire dorsale est placée entre les pectorales et les ventrales et à peu près sur le milieu de la courbure du dos; elle est étroite et ovalaire. La seconde dorsale, plus forte que la première, a un angle postérieur plus saillant. Les pectorales sont ovales, les ventrales quadrilatères. La caudale a son lobe supérieur allongé et arrondi à son extrémité, le lobe inférieur est triangulaire.

Ce poisson a le corps d'un gris noirâtre à reflets violacés. L'œil a son iris noir et sa pupille verdâtre.

GENRE LAIMARGUE

Lœmargus, MULLER ET HENLE.

Corps allongé, plus ou moins arrondi et recouvert de petites scutelles.

Bouche très-grande, sillons labiaux très-prononcés. Narines placées près de l'extrémité du museau. Yeux de grandeur médiocre, et dépourvus de membrane nictitante. Évents peu développés.

Dents supérieures petites et coniques; dents inférieures nombreuses, à pointe dirigée en dehors et sans dentelures.

Deux nageoires dorsales peu développées et dépourvues d'épines.

Pas de nageoire anale.

Pl. 82. — SQUALE BORÉAL.

Squalus microcephalus. Bloch, Schn., p. 135.

Somniosus brevipinna.. Lesueur, *Journ. Acad. Nat. Sc. Philad.*, t. I, p. 222.

Squalus borealis....... Scoresby, *Arct. Reg.*, t. I, p. 538, pl. 15.

Scymnus borealis...... Yarrell, *Brit. fish.*, 2e édit., t. II, p. 527. — Nilss. *Skand.*, *Faun. Fisk.*, p. 724.

Scymnus glacialis..... Faber, *Fish. Isl.*, p. 23.

Squalus norwegianus.. Blainv., *Faun. Franç.*, p. 61.

Scymnus micropterus.. Valenc., *Nouv. Ann. Mus.*, 1832, t. I, p. 454, pl. 20.

Lœmargus borealis..... Bonap., *Cat. Poiss. Europ.*, p. 16. — Mull. et Henle, p. 93. — Gaimard, *Voy. Isl. et Grœnl. poiss.*, pl. 22. — Duméril, *Elasmobr.*, p. 455, pl. 5, fig. 1. — Gunth., *Cat.*, t. VIII, p. 426.

Scymnus brevipinna... Dekay., *New-York, Faun. Fish.*, p. 361, pl. 61.

Lœmargus brevipinna.. Duméril, *Loc. cit.*, p. 456.

Greenland Shark, Angleterre. — *Haa-Skierding*, Suède. — *Aepekalle*, *Haekalle*, Hollande.

Le capitaine Scoresby, qui a visité les Régions Arctiques, nous apprend que ce Squale, qui parvient à la taille de douze ou quatorze pieds, se nourrit de la chair des Baleines; il attaque ces cétacés et arrache de leur corps des lambeaux de la grosseur de la tête d'un homme. Il chasse les oiseaux plongeurs qui habitent les mêmes régions que lui; c'est le plus grand ennemi des phoques, et il détruit une quantité considérable de poissons, principalement des Cabillauds.

Les pêcheurs de Norwége s'emparent de ce Squale et retirent de son foie une grande quantité d'huile.

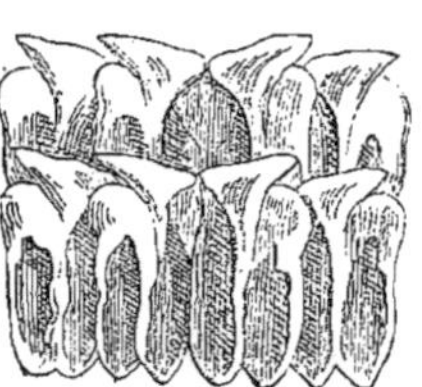

Fig. 29.
DENTS DE LA MACHOIRE
INFÉRIEURE
DU SQUALE BORÉAL.
(*Læmargus borealis.*)
Vues par leur face antérieure.

Les nageoires dorsales sont peu développées, et la première est située très en avant des ventrales. Les pectorales, qui sont mal placées sur la planche où nous représentons ce poisson, naissent en arrière de la cinquième fente branchiale. Le lobe supérieur de la caudale est bien développé, son lobe inférieur est plus petit et triangulaire. Les figures 29 et 30 représentent les dents inférieures de ce squale vues par leur face antérieure et leur face postérieure.

Le corps de ce poisson est d'un gris foncé à reflets jaunâtres.

On prend dans la Méditerranée un autre Laimargue que Risso a décrit sous le nom de *Scymnus rostratus* et auquel il assigne les caractères suivants :

Corps effilé; tête grande; museau deux fois plus prolongé que celui du Squale boréal; bouche très-arquée, dents inférieures courbées latéralement ; pectorales arrondies ; première dorsale située entre ces nageoires et les ventrales ; deuxième dorsale placée un peu en arrière de ces dernières; lobe supérieur de la caudale fort long et beaucoup plus développé que l'inférieur. Corps d'un gris bleuâtre; peau presque lisse.

Fig. 80.
DENTS DE LA MACHOIRE
INFÉRIEURE
DU SQUALE BORÉAL.
(*Læmargus borealis.*)
Vue par leur face postérieures.

GENRE ÉCHINORHINE

Echinorhinus, BLAINVILLE.

Corps allongé, arrondi, recouvert de tubercules irrégulièrement répartis et munis d'une petite épine.

Tête grosse, courte et aplatie; museau arrondi, allongé et conique. Narines larges et plus rapprochées de la bouche que de l'extrémité du museau.

Yeux grands et dépourvus de membrane nictitante. Évents petits; bouche grande; dents semblables aux deux mâchoires, à pointe très-oblique et dirigée en dehors, larges, presque rectangulaires. Ces dents présentent deux fortes dentelures au côté interne de leur base et une ou deux au côté externe. Une dent médiane à la mâchoire inférieure seulement.

Deux nageoires dorsales peu développées et dépourvues d'épines.

Pas d'anale.

Cinq fentes branchiales de chaque côté et de peu d'étendue.

Pl. 83. — SQUALE BOUCLÉ

Squalus spinosus...... Lin., Gm., t. I, p. 1500. — Bloch, Schn., p. 136. — Risso, *Icht. Nice*, p. 42.
Scymnus spinosus .... Cuv., *Règ. Anim.*, t. II, p. 393. — Risso, *Europ. mérid.*, t. III, p. 136. — Cloquet, *Dict. sc. nat.*, t. XXV, p. 434.
Echinorhinus spinosus. Blainv., *Faun. Franç.*, p. 66. — Bonap., *Faun. Ital.* — Id., *Cat. Poiss. Europ.*, p. 16. — Muller et Henle, p. 96, pl. 60, (peau). — Yarr., *Brit. fish.*, t. II, p. 532. — Costa, *Faun. Nap. Chondr.*, pl. 16. — Duméril, *Elasmobr.*, p. 459. — Gunth., *Cat. fish.*, t. VIII, p. 428.
Goniodus spinosus .... Agass., *Poiss. Foss.*, t. III, pl. E, fig. 13.

Spinous skark, Angleterre. — *Ronco*, Italie.

Le Squale bouclé est d'un gris foncé à reflets violacés et son corps est parsémé de taches noirâtres irrégulièrement disposées. Sa peau est recouverte de tubercules épineux assez saillants, blanchâtres, et disposés par groupes, de telle sorte que certains points de la peau se trouvent complétement nus.

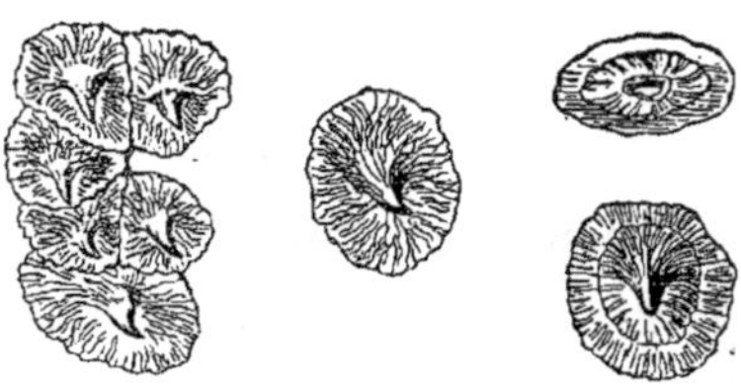

Fig. 31. — Tubercules épineux de la peau du Squale bouclé.
(*Echinorhinus spinosus.*)

Sa taille peut dépasser deux mètres; il vit dans les eaux peu profondes et sa chair est de mauvais goût. Ce poisson est rare sur nos côtes; à Nice, il porte le nom de *Mounge Clavelat.*

Sa première nageoire dorsale est placée au-dessus des ventrales, la seconde entre les ventrales et la caudale. Les pectorales sont larges et arrondies; les ventrales très-grandes et rectangulaires; la caudale, dont le lobe supérieur est très-allongé et arrondi à son extrémité, a son lobe inférieur court et triangulaire.

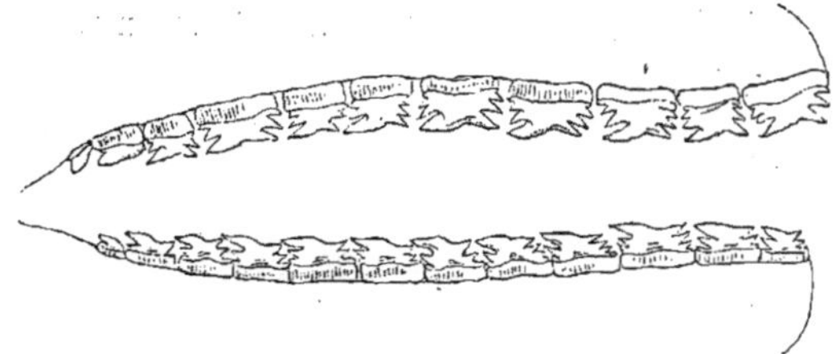

Fig. 32. — Dentition du Squale bouclé.
(*Echinorhinus spinosus.*)

Les dents de ce poisson, semblables aux deux mâchoires, sont larges, rectangulaires et à pointe dirigée en dehors; elles sont pourvues de chaque côté de deux petites dentelures; il y en a quelquefois trois du côté externe.

FAMILLE DES SQUATINIDÉS.

SQUATINIDÆ.

Cette famille, qui ne comprend qu'un seul genre, le Genre Ange, se distingue facilement des précédentes par la forme du corps des poissons qui la composent; ils l'ont en effet très-aplati et rappelant un peu comme forme celui des raies. Leur tête est forte, aplatie comme le corps, plus ou moins arrondie et séparée du tronc par un étranglement simulant un cou. La bouche est reportée en avant et les dents sont semblables aux deux mâchoires. Ces Squales habitent les mers de l'Europe, l'océan Atlantique, et l'Océan Indien; on en a pris jusqu'au Japon.

La chair de ces poissons est comestible et on retire de leur foie une grande quantité d'huile.

GENRE ANGE.

Squatina, Duméril.

Corps large et déprimé pourvu, dans sa région dorsale, de tubercules manquant le plus souvent chez l'adulte.

Tête forte, aplatie, arrondie et distincte du tronc. Bouche reportée en avant. Dents semblables aux deux mâchoires, petites, triangulaires et très-aiguës. Pas de dents médianes.

Narines placées sur le bord du museau et entourées d'appendices membraneux. Yeux arrondis. Évents très-grands et placés en arrière des yeux.

Fentes branchiales reportées très-bas et s'étendant en dessous.

Deux nageoires dorsales dépourvues d'épines et placées très en arrière. Nageoires pectorales grandes, recouvrant un peu les ventrales qui sont également très-développées.

Lobe inférieur de la caudale plus développé que le supérieur.

Pas de nageoire anale.

Pl. 84. — SQUALE ANGE.

Squatina aculea.. Cuv., *Règ. An.* t. II, p. 394.
Squatina vulgaris. Risso, *Ichth. Nice,* p. 45. — Muller et Henle, p. 99, pl. 95, fig. 4.
—Bocage et Capello, *Peix. plag.,* p. 36.
Squatina angelus. Blainv., *Faun. Franç.,* p. 53, pl. 13, fig. 1. — Risso, *Eur. mérid.,* t. III, p. 139. — Bonap., *Faun. Ital.* — Id., *Cat. Poiss.,* p. 15. — Yarr., *Brit. fish.,* 3ᵉ édit., p. 536.
Rhina squatina... Duméril, *Elamobr.,* p. 464. — Gunth., *Cat. fish.,* t. VIII, p. 430.

Angel fish, Angleterre. — *Meerangel,* Allemagne. — *Zee-engel, Schoorhaai,* Hollande. — *Peixe anjo,* Portugal. — *Mermejuela, Angelote,* Espagne. — *Angelu,* Italie. — *Squadru,* Sicile.

Ce Squale, dont le corps diffère assez, comme forme, de celui des autres animaux de son ordre, a la tête large, aplatie et séparée du reste du corps par un étranglement simulant un cou. Les fentes branchiales, assez grandes, sont reportées en dessous. Les nageoires pectorales et ventrales, très-développées, sont disposées horizontalement. Les deux nageoires dorsales, courtes et peu élevées, sont reportées sur la région caudale, et la nageoire qui termine le corps a son lobe inférieur plus développé que le supérieur.

L'Ange parvient à une assez forte taille, et on prend souvent de ces poissons qui mesurent plus de deux mètres de longueur ; on en voit quelquefois sur nos marchés, et leur chair, dont le prix est peu élevé, est dure et filandreuse. Leur foie produit une grande quantité d'huile.

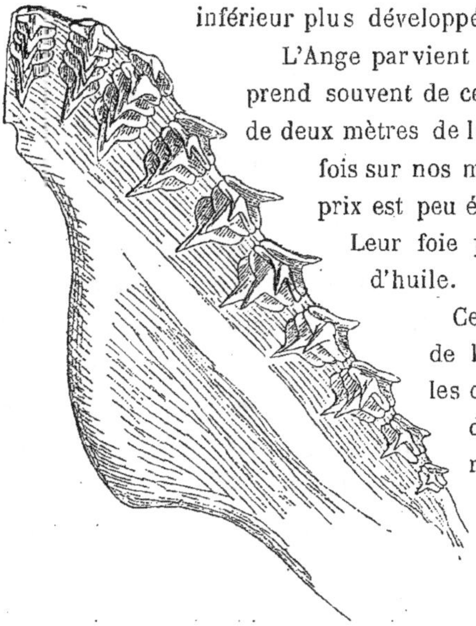

Ce Squale habite toutes les mers de l'Europe ; il est commun sur les côtes de France, de Portugal, d'Espagne et d'Italie. Il se nourrit de poissons, tels que Trigles, Merlans, Aloses et de mollusques céphalopodes.

Fig. 33. — MOITIÉ DROITE DE MAXILLAIRE SUPÉRIEUR DU SQUALE ANGE. (*Squatina angelus.*)

Les dents, semblables aux deux mâchoires, sont larges à leur base, étroites à leur pointe, triangulaires et non dentelées ; leur base porte un petit tubercule lenticulaire.

Le Squale Ange a les parties supérieures du corps d'un vert olivâtre nuancé de brun. Le dessous de sa tête et son ventre sont blancs.

La Méditerranée possède, suivant Duméril, une autre espèce d'Ange. Ce Squale a la tête moins arrondie, les yeux plus grands et porte des tubercules cutanés plus longs et plus aigus que ceux du poisson que nous venons de décrire ; c'est le *Squatina oculata* de Bonaparte, le *Rhina oculeata* de Duméril.

SOUS-ORDRE DES RAIES.

FAMILLE DES PRISTIDÉS.

PRISTIDÆ.

Les poissons qui constituent ce Sous-Ordre, de l'ordre des Sélaciens, se distinguent à première vue dés Squales par la position de leurs fentes branchiales qui sont placées à la partie inférieure du corps; ils ne manquent jamais d'évents et leurs yeux sont dépourvus de membrane nictitante. Leur peau est le plus souvent pourvue de scutelles ou de petits tubercules et leur intestin, comme celui des Squales, est muni d'une valvule spirale. La famille des Pristidés, que nous mettons en tête de ce second Sous-Ordre de l'Ordre des Sélaciens, dont le groupe le plus nombreux est constitué par les Raies, ne comprend qu'un seul genre, le Genre Scie. Elle est composée d'espèces ayant certaines analogies avec les Squales et tenant le milieu entre ces animaux et les Raies.

Le caractère distinctif le plus frappant des Pristidés réside dans la forme de leur museau, qui est allongé en forme de rostre analogue à celui des Espadons, mais aplati et armé latéralement de fortes dents pointues et espacées les unes des autres.

Leurs ouvertures branchiales, comme celles des Raies, sont reportées en dessous.

Ces poissons, qui habitent les mers tropicales et tempérées, sont des ennemis redoutables pour les animaux de leur classe; ils s'attaquent aussi aux Cétacés.

GENRE SCIE.

Pristis, LATHAM.

Corps allongé ; tête courte, munie d'un long rostre aplati et portant latéralement des dents fortes, plates, aiguës, à bord antérieur tranchant, à bord postérieur mousse.

Bouche transversale, peu arquée et pourvue de dents petites, plates et régulièrement disposées comme les pierres d'une mosaïque.

Yeux dépourvus de membrane nictitante. Évents grands et placés en arrière des yeux.

Deux nageoires dorsales, la première placée près des ventrales, ou au-dessus.

Caudale avec ou sans lobe inférieur.

Pl. 85. — SCIE.

Squalus pristis........... Lin., Gm., t. I, p. 1499.
Pristis antiquorum..... Latham, *Trans. Lin. Soc.*, 1794, t. II, p. 277, pl. 26, fig. 1.
           — Muller et Henle, p. 105, pl. 60 (bouche). — Duméril,
           Elasmobr., p. 473. — Bonap., *Cat. Poiss. Europ.*, p 15.
           — Gunth., *Cat. fish.*, t. VIII, p. 438.
Pristis serra........... Bloch, Schn., pl. 70.
Pristis granulosa....... Bloch, Schn., p. 351.
Pristis caniculata....... Bloch, Schn., p. 351.
Pristibatis antiquorum.. Blainv., *Faun. Franç.*, p. 50.

Saque fisch, Allemagne. — *Saw fish,* Angleterre. — *Pesce Sega,* Italie.

La Scie, dont les noms vulgaires sont : *Espadon, Épée de mer, Héron de mer,* est un poisson très-remarquable par sa forme.

Son corps est allongé et déprimé. Sa tête, qui est aplatie en avant, en forme de lame d'épée, se termine par un long rostre, épais, émoussé à sa pointe, et armé de chaque côté de seize à vingt paires de dents espacées les unes des autres, aiguës, tranchantes sur leur bord antérieur, et creusées d'un sillon sur le bord postérieur, ce qui donne à cette partie de la tête de l'animal l'aspect d'une scie.

Les nageoires pectorales sont très-développées, leur angle externe est arrondi. Les ventrales sont petites. Les nageoires dorsales sont au nombre de deux; la première est placée au-dessus des nageoires pelviennes, la seconde se trouve à égale distance de la première dorsale et de l'origine de la caudale qui manque de lobe inférieur.

Les yeux de ce poisson sont dépourvus de membrane nictitante; les évents sont placés en arrière de ces organes et les narines sont reportées inférieurement.

La bouche, qui est placée en dessous, est garnie de dents nombreuses, petites, aplaties et disposées en mosaïque.

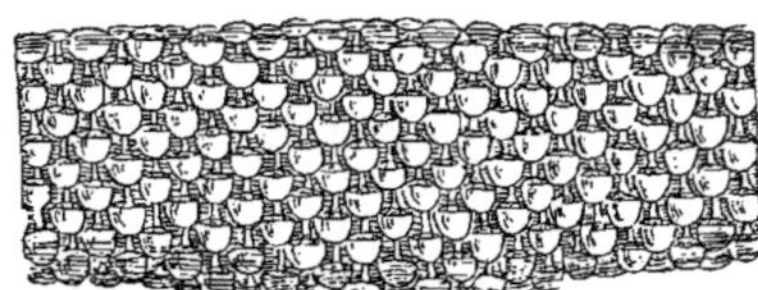

Fig. 84. — PORTION DE MAXILLAIRE INFÉRIEUR DE LA SCIE.

(*Pristis antiquorum.*)

Le corps de ce poisson présente une coloration d'un gris jaunâtre uniforme.

La Scie habite la Méditerranée et l'océan Atlantique; elle parvient à une taille considérable qui peut atteindre cinq ou six mètres. Elle se rapproche peu des côtes et se plaît dans les eaux profondes.

FAMILLE DES TORPÉDINIDÉS.

TORPEDINIDÆ.

La famille des Torpédinidés renferme un certain nombre de poissons dont quelques-uns sont remarquables par la propriété qu'ils possèdent de produire de l'électricité. L'appareil électrique de ces poissons est placé entre la tête et les nageoires pectorales, tandis que, chez les Raies, il y en a un dans la région caudale et un autre sur le museau en avant des pores mucipares.

Les Torpilles ont le corps de forme discoïde, épais, mou et recouvert d'une peau lisse ; leur région caudale est courte.

Cette famille contient plusieurs genres, dont un seul, le genre Torpille, a trois espèces fréquentant nos côtes. Les autres poissons qui s'y rapportent se trouvent répartis sur les côtes d'Amérique et sur celles d'Afrique, principalement dans la mer Rouge.

GENRE TORPILLE.

Torpedo, Duméril.

Corps épais, recouvert d'une peau unie. Disque arrondi, lisse et à bord antérieur plus ou moins tronqué. Tête se rejoignant aux nageoires pectorales par un cartilage et présentant entre elle et ces dernières un appareil électrique composé de tubes hexagonaux disposés verticalement. Évents placés en arrière des yeux, présentant chez le jeune et quelquefois chez l'adulte, de petits tentacules membraneux. Yeux petits ; bouche étroite, reportée en dessous et armée de dents petites et pointues.

Deux nageoires dorsales; ventrales séparées du disque. Caudale triangulaire et à bord postérieur droit.

LES TORPILLES.

Ces poissons ont été remarqués, dès la plus haute antiquité, à cause de la propriété singulière qu'ils possèdent de produire, de condenser et de développer de l'électricité lorsqu'on les touche. L'appareil producteur de ce fluide se trouve placé entre la tête et

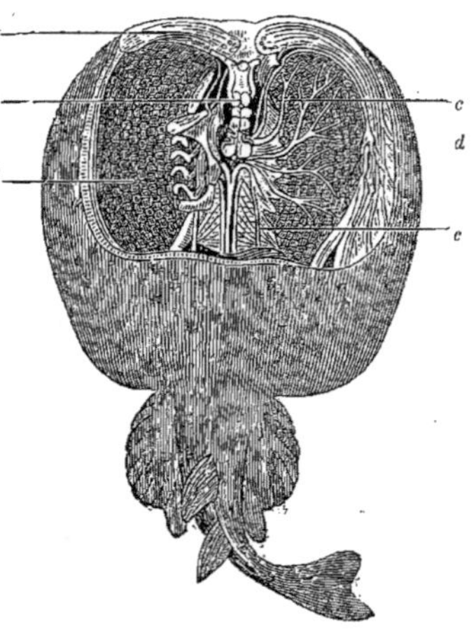

Fig. 35. — Système nerveux et appareil électrique de la Torpille

a. Tubes muqueux placés en avant du corps. — b. Le cerveau et ses différents lobes. — c. Portion du trijumeau se rendant à l'appareil électrique. — d. Rameau du pneumo-gastrique. — e. Nerf récurrent. — f. Appareil électrique.

les nageoires pectorales, où il occupe un espace assez considérable. Il est formé d'un grand nombre de prismes hexagonaux accolés les uns aux autres et placés verticalement. Ces tubes sont en communication avec des filets nerveux venant, les uns du trijumeau, les autres du pneumogastrique. On a pu condenser l'électricité produite par ces animaux et la dégager sous forme d'étincelles. Plusieurs auteurs, parmi lesquels nous citerons Rédi, Réaumur, Galvani, Davy, Matteuci, Moreau, Rouget, etc., etc., ont étudié les phénomènes électriques de ce poisson et la structure de l'appareil qui les produit.

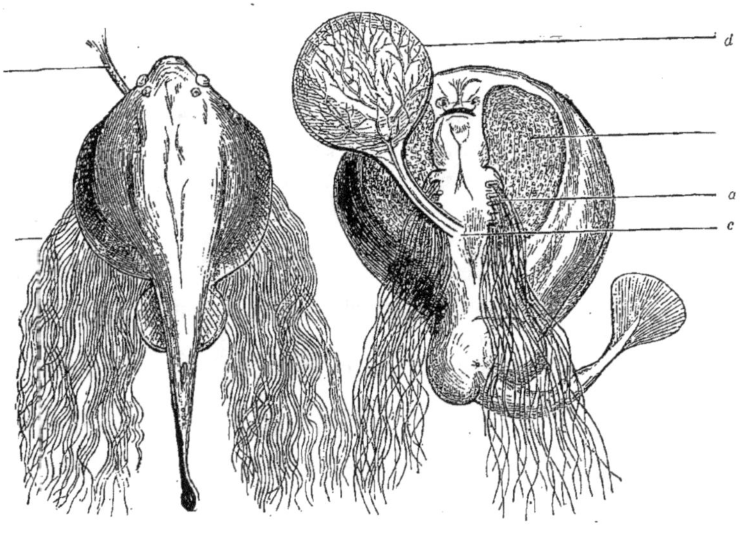

Fig. 36 et 37. — Fœtus de la Torpille.

a. Fentes branchiales. — *b*. Filaments extérieurs que présentent alors les branchies.
c. Pédicule de la vésicule ombilicale. — *d*. Vésicule ombilicale. — *e*. Appareil électrique.

Les Torpilles, dont les branchies sont situées à l'intérieur du corps chez l'adulte et ne communiquent avec l'extérieur que par une série de fentes reportées dessous, sont au contraire, comme chez les autres plagiostomes, prolongées en dehors chez le fœtus et apparaissent en dessous du disque sous la forme de houppes à longs filaments. Nous représentons cette disposition dans les figures 36 et 37.

Pl. 86. — TORPILLE STUPÉFIANTE.

Torpedo hebetans. Lowe, *Trans. Zool. Soc.*, II, 1841, p. 195. — Gunth., *Cat. fish.*
    t. VIII, p. 449.
Torpedo nobiliana. Bonap., *Faun. Ital.* — Id., *Cat. poiss. Europ.*, p. 14. — Mull. et
    Henle, p. 128. — Yarr., *Brit. fish.*, t. II, p. 546.— Dum., *Elasm.*,
    p. 512.
Torpedo nigra.... Guich., *Expl. Alg.*, p. 131, pl. 8.

La Torpille stupéfiante, qui habite la Méditerranée et l'océan Atlantique, a le disque plus large que long, tronqué antérieurement et
échancré faiblement au point où la nageoire pectorale rejoint le cartilage
céphalique. Sa tête, qui est dégagée des nageoires pectorales, laisse
entre elle et ces dernières un intervalle assez grand comblé par l'appareil électrique.

Les yeux sont petits et elliptiques; les évents, placés en arrière
de ces organes, sont réniformes et aussi grands que la cavité orbitaire.

La bouche est peu fendue, reportée en dessous, et ses mâchoires
sont armées de dents petites et pointues.

Les fentes branchiales sont aussi reportées à la partie inférieure du
disque et au nombre de cinq paires.

Les nageoires ventrales sont petites, arrondies et séparées de la
région caudale par une échancrure assez profonde. Les nageoires dorsales sont au nombre de deux; la première est beaucoup plus développée que la seconde. La caudale est de forme triangulaire.

Cette Torpille a le dessus du corps d'un marron plus ou moins
foncé à reflets violets; le dessous est d'un blanc rose bordé de brun.
Elle vit près des plages sablonneuses, sa taille peut dépasser un mètre.

TORPILLE VULGAIRE.

Raja torpedo......... Lin., *Syst. Nat.*, t. I, p. 1504. — Bloch, Schn., p. 358.
Torpedo narke......... Risso, *Ichth. Nice*, p. 8. — Id., *Europ. Mérid.*, t. III, p. 142.
    Cuv., *Règ. An.* — Bonap., *Faun. Ital.*
Torpedo unimaculata. Risso, *Ichth. Nice*, p. 19, pl. 3, fig. 3. — Id., *Europ. Mérid.*,
    t. III, p. 143, fig. 8.
Torpedo oculata....... Mull. et Henle, p. 127. — Dum., *Elasm.*, p. 506.
Torpedo narce........ Gunth., *Cat. fish.*, t. VIII, p. 449.

Cramp-ray, Angleterre. — *Zitterroche,* Allemagne. — *Torpedino,*
Tremola, Italie.

Cette Torpille a le disque presque circulaire, à bord antérieur moins tronqué que celui de l'espèce précédente, quelquefois légèrement concave et un peu plus large que long. La disposition et le développement de ses nageoires sont les mêmes que ceux de la Torpille stupéfiante. Les évents de ce poisson sont cependant dépourvus de tentacules chez l'adulte.

La Torpille vulgaire habite la Méditerranée et les parties de l'océan Atlantique voisine de cette mer. Elle est rare sur les plages du Languedoc où on la nomme *Galina*, plus commune sur celles de Nice pendant les mois de juillet et août. Dans cette dernière localité, on la désigne sous le nom *Tremoulino* ou de *Dourmigliona*. Les Marseillais l'appellent *Dormillouse*, les Bordelais *Themoise;* on la nomme aussi *Poule de mer*, *Torpille à taches œillées*, *Torpille à cinq taches*, *Torpille à une tache.* Tous ces noms si dissemblables viennent de la grande viarabilité de la coloration de ce poisson, qui est cependant le plus ordinairement d'un rouge jaunâtre en dessus, avec cinq belles taches ocellées de couleur bleue entourées d'un cercle brunâtre. Certains individus n'ont au contraire qu'une tache, et d'autres présentent, en outre, de petits points blanchâtres de forme étoilée. On trouve aussi des exemplaires de cette espèce teintés de brun et ne présentant aucune ocelle, ils sont quelquefois mouchetés de blanc.

TORPILLE MARBRÉE.

Torpedo marmorata. Risso, *Ichth. Nice,* p. 20, pl. 3, fig. 4. — Id., *Europ. Mérid.,*
t. III, p. 143, fig. 9. — Mull. et Henle, p. 128. — Dum.,
Elasm., p. 508. — Yarr., *Brit. fish.,* 3ᵉ édit., t. II, p. 559.
Torpedo galvanii.... Risso, *Icht. Nice,* p. 21, pl. 3, fig. 5. — Id., *Europ. Mérid.,*
t. III, p. 144. — Bonap., *Faun. Ital.* — Id., *Cat. Poiss.*
Europ., p. 14.

Common cramp-fish, Angleterre. — *Marmoriter Zitterroche,* Allemagne.
Tremola, Italie.

Cette espèce a le disque à peu près de même forme que celui de la Torpille vulgaire; ses nageoires pectorales semblent cependant plus développées et recouvrent davantage la base des nageoires pelviennes. Sa région caudale est moins longue que le disque.

Les évents de cette Torpille sont entourés des sept tentacules, très-apparents, aussi bien chez le jeune que chez l'adulte.

Les couleurs sont extrêmement variables chez ce poisson : le dessus du corps est généralement d'un brun clair marbré de taches brunes; on y voit aussi quelquefois des taches plus claires ou même blanches; souvent le corps est d'un brun uniforme.

Les noms les plus usités de cette espèce sont : *Torpille marbrée, Torpille de Galvani, Torpille galvanienne, Torpille lisse, Torpille sans taches, Tremble,* etc., etc.

Ce poisson est assez commun sur nos côtes méditerranéennes, où on le mange quelquefois. Sa chair, quoique molle, est assez agréable. On le prend également dans l'océan Atlantique, plus rarement dans la Manche et exceptionnellement sur les côtes de Belgique.

FAMILLE DES RAIES.

RAJÆ.

La famille des Raies comprend des poissons dont le corps est singulièrement conformé. La partie antérieure, de forme rhomboïdale, comprend la tête et le tronc, bordés de chaque côté par les nageoires pectorales, qui sont extrêmement développées.

La région postérieure formée par la queue est effilée et plus ou moins longue.

Les narines, la bouche et les ouvertures branchiales sont reportées en dessous du disque, tandis que les yeux et les évents sont situés en dessus.

La peau qui recouvre le corps, rarement lisse, est presque toujours parsemée d'aspérités plus ou moins développées ou d'épines implantées sur des tubercules osseux.

Leurs nageoires pelviennes sont bilobées, et leurs dorsales reportées sur la région caudale. La nageoire caudale est très-petite ou rudimentaire.

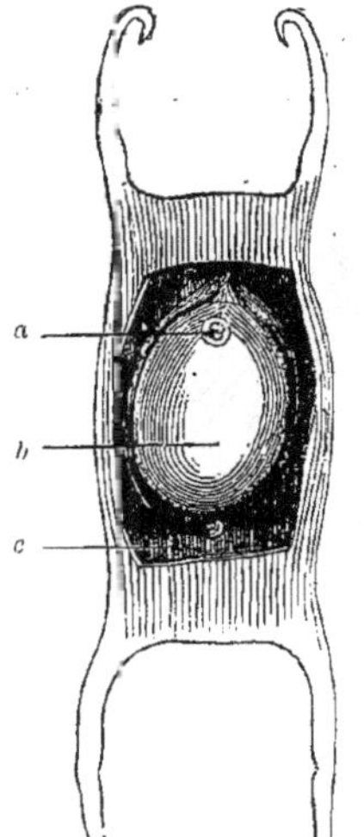

Fig. 38. — ŒUF DE RAIE.
a. Tache germinative.
b. Vitellus.
c. Blanc ou albumen.

Les mâles, comme nous l'avons vu chez les Squales, sont pourvus, en arrière des nageoires pelviennes, d'appendices copulateurs.

Ces poissons pondent des œufs plus larges que ceux des Squales et pourvus, à leurs quatre extrémités, de prolongements recourbés en forme de crochet. On désigne vulgairement ces œufs sous le nom de *Rats de mer, Coussins de mer, Civières de Raie, Bourses de matelot,* etc., etc.

La chair des Raies est généralement blanche, tendre et de bon goût; elle figure sur les marchés et est très-recherchée.

Ces poissons ont l'intestin muni d'une valvule spirale et portent, du moins quelques-uns, des organes électriques, au-dessous des muscles du museau et dans la région caudale.

Le cerveau des Raies et, en général, celui de tous les Sélaciens est plus compliqué que ne l'est celui des poissons que nous avons passés en revue dans les ordres précédents. Il est entouré d'une épaisse atmosphère graisseuse de consistance gélatineuse. Les *lobes olfactifs* sont excessivement développés et portés sur un pédicule plus ou moins allongé. Les *lobes cérébraux,* qui viennent ensuite, sont confondus en une seule masse. Après eux viennent les *lobes optiques,* ou mieux *tubercules bijumeaux,* enfin le *cervelet,* qui est très-développé chez les Raies, et en arrière duquel se voit le *calamus scriptorius* ou *quatrième ventricule.*

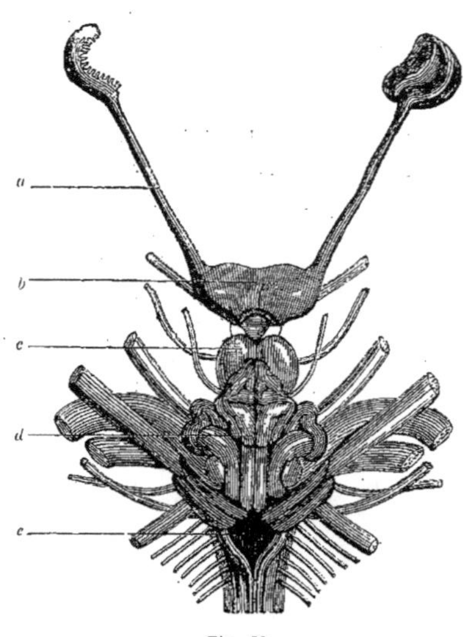

Fig. 39.

CERVEAU DE LA RAIE BOUCLÉE (*Raja clavata*) ET NERFS QU'IL FOURNIT.

a. Lobes olfactifs et leurs pédicules. — *b.* [Hémisphères cérébraux.— *c.* Lobes optiques ou Tubercules bijumeaux.— *d.* Cervelet. — *e.* Calamus scriptorius ou quatrième ventricule.

GENRE RAIE.

Raja, Cuvier.

Disque rhomboïdal, recouvert généralement d'aspérités ou de tubercules épineux que l'on désigne sous le nom de *Boucles.*

Nageoires pectorales larges, mais ne se rejoignant pas en avant du museau. Nageoires ventrales bilobées.

Deux nageoires dorsales, reportées dans la région caudale et dépourvues d'épines. Région caudale allongée et toujours pourvue d'une nageoire qui est quelquefois rudimentaire.

Dents nombreuses, disposées sur plusieurs rangées et variant de forme suivant le sexe.

Pl. 87. — RAIE BOUCLÉE.

Raja clavata...... Lin., *Syst. Nat.,* t. I, p. 397. — Bloch, pl. 83. — Lacép., t. I,
    p. 128. — Bloch, Sch., p. 366. — Risso, *Icht. Nice,* p. 11. — Id.,
    Europ. Mérid., t. III, p. 146. — Müll. et Henle, p. 135. — Yarr.,
    Brith. fish., t. II, p. 582. — Nilss., *Skand. Faun. fisk.,* p. 735.
    Dum., *Elasmobr.,* p. 528. — Gunth., *Cat. fish.,* t. VIII, p. 456.
Dasybatis clavata.. Blainv., *Faun. Franç.,* p. 33, pl. 5, fig. 2. — Bonap., *Faun.
    Ital.*

Tornback, Angleterre. — *Stein Roche,* Allemagne. — *Rokke,* Hollande. — *Rogge,* Flandre. — *Rocka,* Suède. — *Sum Rock,* Norwége, — *Raza,* Italie. — *Pigara pietrosa,* Sicile.

Cette Raie, que l'on prend sur toutes les côtes de l'Europe, doit son nom aux nombreux tubercules épineux qui hérissent sa peau. Elle habite généralement les eaux profondes, mais se rapproche des côtes à l'époque des amours. Sa chair est excellente. Sa taille est quelquefois considérable, et l'on a pris des sujets de cette espèce mesurant jusqu'à quatre mètres de longueur. La nourriture de ce plagiostome se compose de poissons, de crustacés et de mollusques.

La Raie bouclée a le corps de forme rhomboïdale, il est plus large que long, ses bords antérieurs sont ondulés, ses bords postérieurs presque droits. La peau qui le recouvre est très-rude et parsemée dans certains points, soit sur la face supérieure, soit sur la face inférieure.

de gros tubercules osseux et pourvus à leur face externe d'un petit aiguillon court et recourbé. On désigne généralement ces tubercules sous le nom de *boucles;* on en remarque deux ou trois très-forts au-devant des yeux, deux au bord interne de l'évent; il y en a également tout le

Fig. 40.

TUBERCULES ÉPINEUX DE LA RAIE BOUCLÉE. (*Raja clavata.*)

long de la région dorsale où ils sont disposés sur une seule ligne et sur la région caudale où il y en a trois files.

La tête de ce poisson est pourvue d'un rostre assez court, et sa bouche, reportée en dessous, est armée chez le mâle de dents courtes,

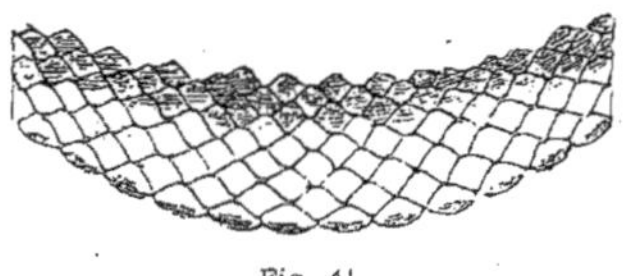

Fig. 41.

DENTS DU MAXILLAIRE INFÉRIEUR DE LA RAIE BOUCLÉE (*Raja clavata.*)

obtuses et disposées sur plusieurs rangées; celles de la femelle sont larges et aplaties supérieurement, nous les représentons fig. 41.

La première nageoire dorsale placée sur le tiers postérieur de la région caudale, est ovalaire. La seconde dorsale, à peu près de même forme mais plus petite que la première, n'est séparée d'elle que par un intervalle assez court.

Les appendices copulateurs du mâle sont assez grands.

Le dessus du corps de la Raie bouclée est d'un gris roussâtre présentant quelquefois des reflets jaunes ou bleuâtres. On remarque en outre, de distance en distance, des taches blanchâtres assez grandes et d'autres plus petites de couleur noire. Le dessous du corps est blanc.

Pl. 88. — RAIE TACHETÉE.

Raja maculata ... Thomps., *Nat. Hist. Irel.*, t. III, p. 260.—Gunth. *Cat.*, t. VIII, p. 458
Raja rubus....... Donov., *Brith. fish.*, t. I, pl. 20. — Turt., *Brit. Faun.* p. 3.
Raja miraletus... Donov., *Brith. fish.*, t. V, pl. 103. — Yarrell, *Brith. fish.*, t. II,
p. 570.
Raja microcellata. Montagu., *Werner. Mém.*, t. II, p. 430.—Yarrell, *Brit. fish.*, t. II,
p. 567.

Cette Raie, qui se prend comme la précédente sur les côtes de l'Europe, est surtout commune sur celles d'Angleterre. Son corps, de forme rhomboïdale et presque lisse, n'est pourvu, chez la femelle, que de fines granulations en avant des yeux et sur l'espace interorbitaire. Le mâle présente au contraire, outre les granulations dont nous venons de parler, une rangée d'épines sur le milieu de sa région dorsale et trois files de ces organes sur la région caudale.

Le museau de ce poisson est court et obtus; sa face supérieure présente de nombreuses petites épines. Les yeux sont grands; en arrière et en avant d'eux se voient deux ou trois petits piquants.

La bouche est armée de dents petites, aplaties chez les jeunes individus et chez les femelles, pointues au contraire chez les mâles.

Les deux nageoires dorsales sont peu développées.

Les couleurs varient beaucoup chez cette espèce; en général le dessus du corps est d'un gris roussâtre et présente de nombreuses taches noirâtres. Le dessous du corps est blanc.

RAIE PONCTUÉE.

Raja punctata..... Risso, *Ichth. Nice*, p. 12. — Id., *Europ. Mérid.*, t. III, p. 153.
— Gunth., *Cat. fish.*, t. VIII, p. 458.
Dasybatis asterias. Bonap., *Faun. Ital.*
Raja Schultzii..... Müll. et Henle, *Plag.*, p. 138, pl. 46, fig. 1. — Dum., *Elasm.*,
p. 541. — Gunth. *Cat.*, t. VIII, p. 458.

Cette Raie, dont le corps est de forme rhomboïdale, a le museau peu proéminent. Sa bouche est assez fortement arquée et les dents sont pointues chez le mâle, arrondies chez la femelle. Ses yeux, ainsi que la partie antérieure des évents, sont petits et surmontés d'épines.

Les nageoires dorsales sont petites et ovalaires ; les ventrales, divisées en deux lobes par une profonde échancrure, ont leur lobe supérieur frangé ; la caudale est effilée. Le mâle a le corps presque lisse, on remarque seulement des aspérités entre les yeux et de chaque côté de la tête. Le corps de la femelle est, au contraire, rugueux sur toutes ses parties. Ces épines forment dans la région dorsale une longue file qui se continue dans la région caudale, laquelle est bordée de chaque côté d'une rangée de semblables organes.

Le corps de ce poisson est d'un bleu jaunâtre en dessous, parsemé de nombreuses taches plus pâles et entourées d'un cercle foncé. Le dessous du poisson est blanc.

<h2 style="text-align:center">RAIE ONDULÉE.</h2>

Raja undulata, Lacép., t. IV, p. 675, pl. 14, fig. 2. — Müll. et Henle, p. 134. — Dum.,
Elasm., p. 537. — Gunth., *Cat. fish.*, t. VIII, p. 459.

Ce poisson se prend dans la Méditerranée et les parties de l'océan Atlantique voisines de cette mer. Son corps est d'un brun clair tirant sur le jaune et traversé par des bandes transversales ondulées de couleur brun foncé. Quelques sujets présentent en outre des taches de couleur claire.

Museau court et obtus ; disque pourvu dans les deux sexes d'une rangée d'épines sur la ligne médiane du dos ; on remarque trois rangées de semblables organes sur la région caudale et une épine de chaque côté de la ceinture scapulaire.

Dents petites, obtuses, et présentant une saillie transversale.

<h2 style="text-align:center">Pl. 89. — RAIE ÉTOILÉE.</h2>

Raja radiata. Donov., *Brith. fish.*, t. V, pl. 114. — Yarr., *Brit. fish.*, 3e édit., t. II
p. 587. — Nilss., *Skand. Faun.*, p. 736. — Duméril, *Elas.*, p. 531.
— Gunth., *Cat. fish.*, t. VIII, p. 460.

La Raie étoilée se trouve sur les côtes du nord de l'Europe ; on ne la prend pas en deçà des côtes sud des Iles Britanniques. Sa taille est en général de quarante à cinquante centimètres. Les habitudes de ce poisson sont peu connues. Son disque présente en dessus de forts aiguillons dont la base est large et radiée ; ils sont disposés irrégulièrement, sauf sur le dos et le long de la région caudale, où ils sont rangés en file et généralement au nombre de quatorze ou quinze. Il y a de semblables organes au-devant et en arrière des yeux. Entre ces tubercules épineux s'en trouvent d'autres plus petits disposés comme les premiers très-irrégulièrement; ils sont aussi radiés à leur base.

Cette Raie, dont la forme se rapproche de la Raie bouclée, a le dessus du corps d'un brun pâle présentant sur certains points des reflets orangés. Le dessous du corps est blanc.

RAIE MIRALET.

Raja miraletus. Lin., *Syst. Nat.*, t. I, p. 396. — Brun., *Ichth. Mass.*, p. 2. — Lacép., t. I, p. 75. — Risso, *Ichth. Nice*, p. 4. — Id., *Europ. Mérid.*, t. III, p. 149. — De Blainv., *Faun. Franç.*, p. 27, pl. 5, fig. 1. — Bonap., *Faun. Ital.* — Müll. et Henle, p. 141. — Dum., *Elasm.*, p. 517. — Gunth., *Cat. fish.*, t. VIII, p. 460.

Cette Raie, que l'on nomme *Miralet* sur les côtes du Languedoc où elle est assez commune, s'appelle *Raie polie, Raie miroir, Flossade, Miragliet, Mirallet,* sur d'autres points du littoral. Elle se prend abondamment dans toute la Méditerranée, mais sa taille est peu considérable et sa chair peu estimée.

Son disque est de forme rhomboïdale et très-élargi. Son museau est court et aigu. Ses dents nombreuses, assez grosses, aplaties et losangiques chez la femelle, sont au contraire pointues chez le mâle.

La peau est lisse, on remarque un gros piquant au bord supérieur de l'orbite, le dos en est dépourvu, mais la queue en porte trois rangées, entre lesquelles s'en voient de plus petits.

La région caudale est aussi longue que le corps; elle porte dans le voisinage de son extrémité deux petites nageoires. Le lobe antérieur des ventrales est frangé sur son bord interne, le lobe postérieur l'est, au contraire, sur le bord externe. La nageoire qui termine la queue est effilée.

Ce poisson a le dessus du corps d'un gris verdâtre présentant quelques taches brun rougeâtre. A la base des nageoires pectorales se voit de chaque côté une belle tache ronde de couleur bleue, entourée d'un cercle blanc. Cette tache est quelquefois violacée.

RAIE NOIRE.

Raja atra. Mull. et Henle, *Plagiost.* p. 134, pl. 46. — Duméril, *Elasm.*, p. 461. — Gunth., *Cat. Fish.*, t. VIII, p. 461.

Cette Raie, qui est propre à la Méditerranée, a le dessus du corps d'un noir uniforme; son museau est très-court et obtus. Le corps, lisse chez les jeunes individus, est couvert chez l'adulte d'aspérités. On remarque une épine au-dessus et en arrière de l'œil ainsi qu'au bord interne des évents. Une rangée de semblables organes se voit le long du dos et sur la queue.

RAIE RAPE.

Raja radula ..... Delar., *An. Mus.* 1809, t. XIII, p. 321.—Risso, *Europ. Mérid.*, t. III, p. 151. — Müll. et Henle, p. 133. — Duméril, *Elasm.*, p. 534. — Gunth., *Cat. fish.*, t. VIII, p. 461.
Dasybatis radula. Bonap., *Faun. Ital.*, pl. 147.
Batis radula ..... Bonap., *Cat. Poiss. Europ.*, p. 12.

Autre espèce de la Méditerranée, dont le museau est court et obtus, le corps recouvert d'aspérités, et qui, outre la rangée d'épines de la ligne médiane du dos, en présente un assez grand nombre sur la queue.

Son corps est d'un gris jaunâtre marbré de noir et de taches plus claires. Une tache ocellée d'un brun foncé se voit de chaque côté du milieu de la région dorsale.

Pl. 90 et 91. — RAIE CIRCULAIRE.

Raja circularis. Couch, *Descript. in Charlesw.*, *Mag. nat. hist.* 1838, t. II. p. 71.— Van Bened., *Bull. Acad. Sc. Belg.*, 1865, t. XX, p. 48. — Dum., *Elasm.*, p. 536. — Gunth., *Cat. fish.*, t. VIII, p. 462.
Raja falsavela.. Bonap., *Faun. Ital.*
Raja miraletus. Couch, *Brit. fish.*, t. I, p. 112, pl. 27.

Sandy Ray, Angleterre.

La Raie circulaire se prend dans la Méditerranée, l'océan Atlantique et la Manche. Elle se retire pendant l'hiver dans les grandes profondeurs des mers et se rapproche des côtes au printemps.

Le disque de cette espèce est rhomboïdo-circulaire et présente en

son milieu un espace triangulaire couvert d'aiguillons assez courts et
disposés sur cinq files. On remarque de semblables organes au-dessus
des yeux et sur la partie antérieure du museau, qui est très-court et
dépasse à peine le disque. La région caudale est également pourvue
d'épines disposées sur plusieurs rangs. Les mâchoires sont armées de
dents petites, aiguës et disposées sur plusieurs rangées transversales
et parallèles.

Les ventrales sont divisées en deux lobes dont l'antérieur est plus
étroit et plus court que le postérieur ; les dorsales sont petites et de
forme elliptique.

Le dessus du corps de la Raie circulaire, d'un brun roussâtre, présente des taches jaunes à bord plus foncé, au nombre de huit à seize.
Les vieux individus ne présentent plus ces taches.

RAIE BATIS.

Raja batis.. Lin., *Syst. Nat.,* t. 1, p. 395. — Bloch, pl. 79.— Bloch, Schn., p. 369. —
Risso, *Ichth. Nice,* p. 3. — Yarr., *Brit. fish.,* 3ᵉ édit., t. II, p. 561. —
Cuv., *Règn. Anim.,* t. II, p. 135. — De Blainv., *Faun. Franç.,* p. 13. —
Müll. et Henle, p. 146. — Duméril, *Elasm.,* p. 563. — Gunth., *Cat.
fish.,* t. VIII, p. 463.

Common Skate, Angleterre. — *Vleet,* Hollande. — *Glattroche,*
Allemagne. — *Razza lisia,* Italie.

Cette Raie, dont le corps est de forme rhomboïdale, a le museau
large, peu saillant et pointu. Sa peau, lisse
en arrière, rugueuse en avant, est parsemée
de petites épines étoilées à leur base ; on en
voit sur le museau, l'arc supérieur de l'orbite et le bord antérieur des nageoires pectorales, qui portent en outre chez le mâle à
leur angle externe quelques piquants recourbés. Les yeux sont assez grands et les narines fendues obliquement.

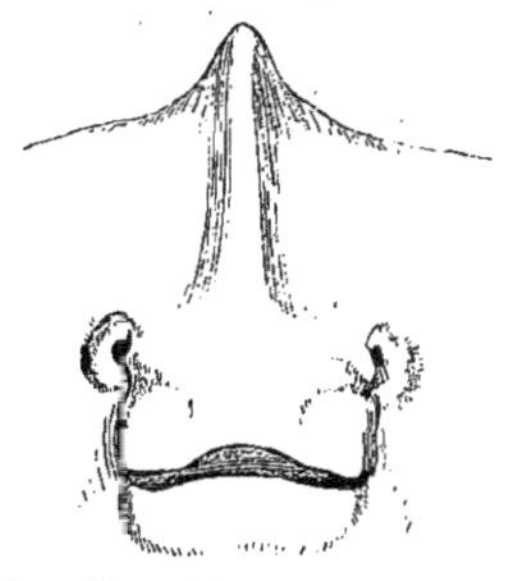

Fig. 42. — TÊTE DE LA RAIE
DATIE (*Raja batis*) VUE PAR
SA FACE INFÉRIEURE.

La bouche est grande ; les dents, très-
nombreuses, sont disposées à chaque mâ-
choire sur vingt-deux ou vingt-trois files. Ces dents sont ovalaires à
leur base et se terminent par un petit cône aigu et recourbé en arrière ;

celles de la région médiane ont leur crochet beaucoup plus fort.

Cette espèce de Raie habite la Méditerranée, la mer du Nord, la Manche et l'océan Atlantique jusqu'aux côtes d'Amérique. Sa longueur, la queue comprise, peut-atteindre deux mètres; et on a pris de ces poissons qui pesaient 200 livres. Elle se nourrit de Poissons, de Céphalopodes et de Mollusques à coquilles. Sa couleur est d'un gris cendré parsemé de taches noirâtres, surtout dans le voisinage des pores muqueux. Le dessous du corps est blanc et parsemé de points noirs.

Ce poisson se nomme *Travan* sur les côtes de Bretagne, *Floussade* à Nice, *Pelousa* sur les côtes de l'Hérault. On l'appelle aussi *Coliart, Raie cendrée, Tire magne, Grosse Raie, Pocheteau, Pistau, Guillaume,* etc.

Pl. 92. — RAIE BORDÉE.

Raja marginata. Lacép., t. V, p. 663, pl. 20, fig. 2. — Risso, *Eur. Mérid.*, t. III, p. 148. — Blainv., *Faun. Franc.*, p. 19, pl. 3, fig. 2. — Bonap., *Faun. Ital.* — Id., *Cat. Poiss. Eur.*, p. 13. — Yarr., *Brit. fish,* t. II, p. 564, 2ᵉ édit. — Dum., *Elasm.*, p. 568. — Gunth., *Cat. fish.*, t. VIII, p. 465.

Raja rostellata.. Risso, *Icht. Nice,* p. 8, pl. 1 et 2. — Id., *Eur. Mérid.,* t. III, p. 148.

La Raie bordée, qui est assez commune sur nos côtes méditerranéennes, porte les noms de *Miraïet* et de *Fumat* sur les plages de l'Hérault, de *Miraglet* à Nice. Elle se prend aussi dans l'Océan, la Manche et la mer du Nord. Sa taille dépasse rarement soixante-dix ou quatre-vingts centimètres en longueur. Son disque est plus large que long, lisse en dessus, rugueux en dessous. Les yeux, grands, portent deux longs aiguillons. Le dos est dépourvu d'épines, mais la région caudale en a trois rangées.

Les nageoires pectorales sont larges, leur angle externe est bien accusé. Les nageoires pelviennes sont bilobées.

Ce poisson a le disque d'un beau jaune couleur chamois au centre. Cette couleur devient plus pâle à mesure que l'on approche des bords, et tout le pourtour du corps est bordé par une belle teinte noire qui, tranchant sur le milieu du corps, produit le plus bel effet. La queue est entièrement noire. La bouche est armée de petites dents serrées et munies d'une petite pointe.

Pl. 93. — RAIE CHARDON.

Raja fullonica....... Blainv., *Faun. Franç.*, p. 23. — Risso, *Eur. mérid.*, t. III, p. 152.
Dasybatis fullonica.. Bonap., *Faun. Ital.*, pl. 150, fig. 1. — Id., *Cat. Poiss. Eur.*,
    p. 13. — Gunth., *Cat. fish*, p. 467. — Dum., *Elasm.*, p. 554.

Fulier, Angleterre. — *Hommelin*, Écosse. — *Walkerroche*, Allemagne.—
Cardairo, Italie.

Cette Raie, que l'on nomme *Raie chardon*, *Raie églantier*, *Raie ratissoire*, *Raie à foulon*, a le disque rhomboïdal, à angles externes arrondis. La queue est très-longue. La peau qui recouvre le corps est garnie d'une multitude de petits piquants recourbés en arrière. Les yeux sont grands et armés, en arrière, de pointes, ainsi que le bord interne des évents. Le dos a une seule rangée d'aiguillons, il y en a deux de chaque côté sur la ceinture scapulaire, et trois files le long de la queue.

Les mâchoires sont armées de dents petites, émoussées et disposées par files obliques.

Les nageoires pectorales sont larges, les pelviennes ont leur lobe antérieur légèrement denticulé. La seconde dorsale est plus grande que la première; elles sont toutes deux ovalaires et peu distantes l'une de l'autre. La queue se termine en pointe et porte une membrane longue et peu élevée. Ce poisson se trouve près des côtes; sa chair est moins bonne que celle de la Raie bouclée. Ses couleurs diffèrent beaucoup suivant les sujets; elles sont ordinairement d'un gris cendré, quelquefois jaunâtres et souvent marquées de taches foncées. Le dessous du corps est blanc. Sa longueur maximum est d'un mètre.

RAIE CHAGRINÉE.

Raja chagrinea. Montagu, *in Mem. Werner. nat. hist.*, t. II, p. 420, pl. 21. — Jennyns, *Man. brit. Vert. anim.*, p. 513. — Parnell, *Trans. roy. Soc. Edimb.*, t. XIV, p. 144. — Dum., *Elasm.*, pl. 560, p. 6, fig. 11.

Shagreen-ray, Angleterre.

Cette Raie, qui se prend sur toutes les côtes de l'Europe, a le corps recouvert en dessus et en dessous de petites scutelles très-rapprochées les unes des autres et qui diffèrent par leur forme de celles de la Raie chardon; nous les représentons (fig. 43) d'après Duméril, à qui nous empruntons cette figure, elles sont plus volumineuses au-dessus et au-dessous du museau, tout le long du dos et sur le bord antérieur du disque, où elles constituent de véritables épines. A la jonction des pièces

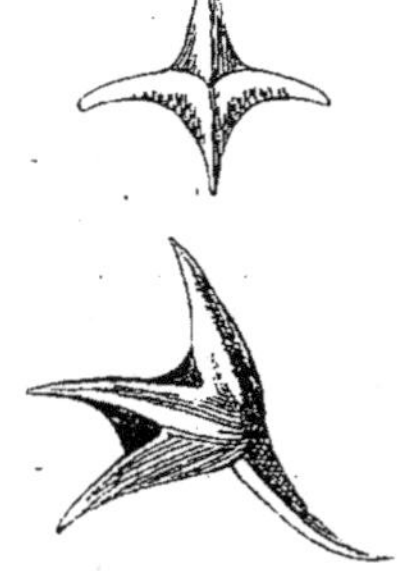

Fig. 43. — SCUTELLES
DE LA RAIE CHAGRINÉE
(*Raja chagrinea*).

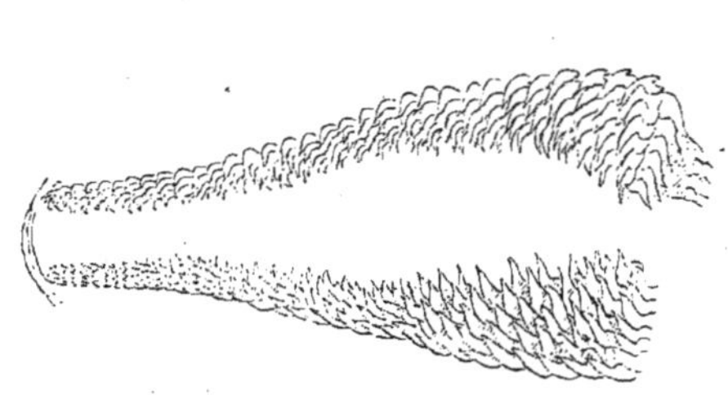

Fig. 44.
DENTITION DE LA RAIE CHAGRINÉE
(*Raja chagrinea*).

qui forment la ceinture scapulaire on remarque une forte épine, et de chaque côté de la colonne vertébrale trois de ces organes disposés par files qui se continuent en arrière sur une partie de la région caudale.

Les mâchoires de ce poisson sont armées de dents très-fortes, aiguës et recourbées en dedans.

Le corps de la Raie chagrinée est d'un brun verdâtre assez foncé.

Pl. 94. — RAIE OXYRHINQUE.

Raja oxyrhynchus. Lin., *Syst. Nat.*, t. I, p. 395. — Brun., *Icht. Mass.*, p. 2. — De
    Blainv., *Faun. Franç.*, p. 18, pl. 3. fig. 1. — Naccari, p. 25.
    — Gunth., t. VIII, p. 469.
Raja rostrata,..... Risso, *Ichth. Nice,* p.7. — Id., *Eur. Mérid.*, t. III, p. 156.
Raia salviani...... Müll. et Henle, p. 143. — Dum., *Elasm.,* p. 569.

Cete Raie, qui est propre à la Méditerranée, porte à Nice le nom de *Fuma.* Sur les côtes du Languedoc, où elle est assez commune, on la nomme *Capoutchin.* Elle se plaît dans les grandes profondeurs et fréquente les fonds vaseux. Sa taille dépasse rarement un mètre en longueur, et sa chair est de qualité médiocre.

La Raie oxyrhinque a le disque plus long que large et à bords antérieurs échancrés. La peau qui le recouvre, complétement lisse chez les jeunes individus, présente chez les sujets adultes un certain nombre de petites aspérités surtout apparentes sur les parties latérales. Son museau est long et pointu, et ses mâchoires sont armées de dents nombreuses, dont la base, de forme quadrilatère, porte une pointe aiguë. Ses yeux sont assez grands et présentent sur leur bord interne un certain nombre de petits aiguillons que l'on retrouve également ment sur le bord interne des évents. La région caudale est également pourvue de ces organes, ils y sont disposés sur trois rangées, et la queue, dont l'extrémité est libre, présente en outre deux petites nageoires dorsales.

Cette Raie a le dessus du corps d'un brun foncé moucheté de taches blanches chez certains individus.

Le dessous du corps est blanc.

RAIE A MUSEAU POINTU.

Lœviraja macrorhynchus. Bonap., *Faun. Ital.*,
Raja mucosissima........ Nardo, *Prodr. Icht. adr.*, 1827, t. XX, p. 476 et 482,
         n° 7.
Raja salviani............ Mull. et Henle, *Plag.*, p. 143.
Raja macrorhyncha...... Dumér., *Elas.*, p. 566.
Raja macrorhynchus...... Gunth., *Cat. fish.*, t. VIII, p. 468.

Moro, Italie.

La Raie à museau pointu, qui parvient quelquefois à la longueur d'un mètre cinquante centimètres, est assez commune dans la Méditerranée; on la prend également dans l'océan Atlantique, aux environs de l'île de Madère.

Son disque plus large que long a ses bords antérieurs échancrés, la peau qui le recouvre, lisse chez les jeunes individus, est, au contraire, pourvue chez l'adulte d'aiguillons qui sont assez forts dans la région caudale et y sont disposés sur trois files. Le museau est long et pointu, et les mâchoires sont armées de dents, obtuses chez la femelle, à base denticulée chez le mâle. Les yeux sont de grandeur moyenne et de forme elliptique. En avant et en arrière de ces organes on voit un ou deux aiguillons.

Les ventrales sont composées de deux lobes dont l'antérieur est plus long, mais moins large que le postérieur.

Les nageoires dorsales sont assez développées et de forme ovalaire. La caudale est longue et peu élevée.

Le dessus du corps de cette Raie, d'un gris plombé à reflets violacés, est parsemé de petites taches arrondies et plus claires.

Le dessous du corps est blanc grisâtre.

Pl. 95. — RAIE VOMER.

Raja acus... Lacép., *Hist. Poiss.*, t. V, p. 665.
Raja vomer. Müll. et Henle, p. 144. — Duméril, *Elasm.*, p. 571. — Gunth., *Cat. fish.*, t. VIII, p. 468.

Long-nosed Skate, Angleterre.

La Raie Vomer, propre aux côtes du nord de l'Europe, habite les grands fonds et ne se rapproche des rivages qu'au printemps. Elle parvient à une taille considérable, et il n'est pas rare de pêcher des exemplaires de cette espèce qui mesurent un mètre et demi de longueur. Elle se nourrit de petits poissons et principalement d'Équilles; sa chair est d'assez bon goût.

Cette Raie a le disque rhomboïdal, un peu plus large que long, et recouvert en dessus et en dessous de petites aspérités plus prononcées chez la femelle que chez le mâle. La région caudale présente de chaque côté une rangée d'épines, mais sa partie médiane en est dépourvue. Le museau est très-allongé et aigu. Les mâchoires sont armées de dents présentant une pointe saillante dirigée en arrière, et les yeux, ainsi que les évents, sont pourvus sur leur bord interne de très-petits aiguillons.

Les nageoires ventrales et dorsales sont peu développées, et l'extrémité caudale présente quelquefois une très-petite nageoire.

La Raie Vomer a le dessus du corps d'un brun grisâtre moucheté de points plus clairs; le dessous est blanc grisâtre et présente des lignes et des taches noirâtres.

FAMILLE DES TRYGONIDÉS.

TRYGONIDÆ.

Les poissons de cette famille se rapprochent beaucoup des Raies, mais en diffèrent cependant par plusieurs caractères :

Leurs nageoires pectorales s'étendent jusqu'à l'extrémité du museau où elles se réunissent; leurs ventrales ne sont pas divisées en deux lobes. Leur région caudale, très-longue et grêle, est dépourvue dans la plupart des cas de nageoires et porte alors un ou deux replis cutanés placés sur sa face supérieure et sur sa face inférieure; elle est en outre armée d'un ou plusieurs aiguillons dont les dentelures regardent le point d'insertion.

GENRE PASTENAGUE.

Trygon, Adanson.

Disque éargi, lisse ou recouvert de petits tubercules.

Région caudale allongée, présentant des plis cutanés, dépourvue de nageoires et armée d'un long aiguillon à bords denticulés.

Dents aplaties.

Pl. 96. — PASTENAGUE.

Pastinaca marina...... Bellon., *De Aquat.*, p. 94. — Rondel., *De Pisc.*, p. 331.
Raja pastinaca........... Lin., *Syst. Nat.*, t. 1, p. 396. — Bloch, pl. 82. — Bloch, Schn., p. 360. — Risso, *Ichth. Nice*, p. 10.
Trygon vulgaris........ Risso, *Europ. mérid.*, t. III, p. 160.
Trygonobatus pastinaca. Blainv., *Faun. Franç.*, p. 35, pl. 6, fig. 12.
Trygon pastinaca....... Cuv., *Règ. Anim.*, — Bonap., *Faun. Ital.*, — Yarrell, *Brit. fish.*, t. II, p. 588. — Nilss., *Skand. Faun. fisk.*, p. 741. — Dum. *Élasm.*, p. 600. — Gunth., *Cat. fish.*, t. VIII, p. 478.
Trygon akajei.......... Müller et Henle, p. 165, pl. 53.
Raja sayi.............. Lesueur, *Jour. Ac. nat. sc. Philad.* 1817, t. I, p. 42.
Trygon sayi........... Müller et Henle, p. 166.

Sting-Ray, Angleterre. — *Stechroche*, Allemagne. — *Pastinaca, Mucchio, Murcione*, Italie.

La Pastenague que l'on nomme *Pastinague* et *Tareronde* auprès de Bordeaux, *Pastenago Vastango, Pastenaga* sur les côtes du Languedoc et *Pastenaigo* à Nice, habite la Méditerranée, l'océan Atlantique, la Manche et la mer du Nord. Elle est redoutée des pêcheurs à cause du piquant qui arme sa queue et qu'elle manœuvre avec une grande agilité.

Son corps est presque rhomboïdal et les angles situés à l'extrémité de ses nageoires pectorales sont arrondis. Sa queue est longue, grêle et armée d'une forte épine denticulée sur ses bords; son bord inférieur présente un petit repli cutané, et son bord supérieur est creusé d'un sillon.

Le museau est petit et triangulaire. Les yeux sont grands, leur iris est doré, leur pupille noirâtre. Les narines sont petites.

La bouche qui est étroite est armée de dents disposées par séries obliques; elles sont petites, granuleuses et aplaties.

Les nageoires ventrales sont formées d'un seul lobe.

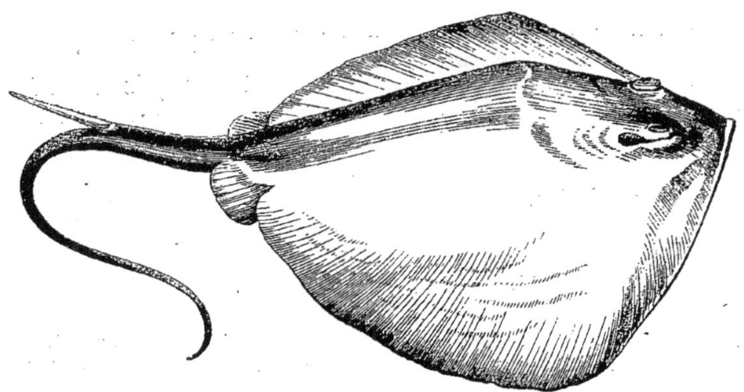

Fig. 45. — Pastenague (*Trygon pastinaca*) vue de profil pour montrer l'aiguillon caudal.

La queue qui est dépourvue de nageoires porte, comme nous l'avons dit, sur sa crête supérieure, un long aiguillon à dentelures dirigées vers la base. Cette pièce manque le plus souvent sur les individus que l'on voit sur les marchés, car les pêcheurs ont l'habitude de la couper dès que le poisson est sorti de l'eau.

La Pastenague, dont le corps atteint plus de quatre mètres de long, est colorée en dessus d'un gris jaunâtre, quelquefois bleuâtre. Les bords du disque présentent une coloration roussâtre. On remarque aussi sur le dos des stries ou des taches mal définies; la face inférieure du corps est blanchâtre avec une bande marginale roussâtre.

La chair de ce poisson est tendre et savoureuse, mais certaines personnes lui préfèrent pourtant celle des Raies.

On trouve encore dans la Méditerranée trois autres espèces de Pastenagues qui sont:

1° La Pastenague brucco, *Trygon brucco,* qui ressemble comme forme à la Pastenague ordinaire. Elle en diffère cependant par un

museau moins saillant, ce qui donne au disque un bord antérieur convexe. Le dessus de son corps est d'un brun verdâtre, le dessous est blanc
et sa marge gris verdâtre.

On prend ce poisson sur les côtes d'Italie et d'Algérie.

2° La Pastenague violacée, *Trygon violaceus*. Elle a le bord antérieur du disque encore plus arrondi, sa queue est plus longue. Tout le
corps de l'animal est lisse chez le jeune, granuleux chez l'adulte. Son
disque porte au centre une petite épine et à quelque distance d'elle,
sur l'axe du corps, on voit une rangée de semblables organes généralement au nombre de dix ou douze.

3° La Pastenague marine, *Trygon thalassia*. Ce poisson qu'on n'a
signalé jusqu'ici que dans la mer Adriatique, se prend aussi dans la
Méditerranée, aux environs de Nice et sur les côtes de l'Algérie. Tout
son corps est recouvert de tubercules ayant une certaine ressemblance
avec ceux du Squale bouclé. Sa queue porte un pli cutané inférieur
recouvert d'aspérités, et deux longs aiguillons denticulés sur leurs bords
et très-rapprochés l'un de l'autre à la partie supérieure. La Galerie
d'anatomie comparée possède une région caudale d'un de ces poissons,
qui a été offerte à M. Gervais par M. Ziegler, de Genève, et qui est plus
complète que celles qui figurent dans les Galeries de zoologie; ses aiguillons caudaux sont au nombre de deux, et ses boucles plus nombreuses
et moins fortes que celle des autres exemplaires qui se trouvent au
Muséum indiquent probablement une variété. Elle a été prise sur les
côtes d'Algérie.

Les couleurs de ce poisson sont fort remarquables : le dessus de son
corps est d'un beau violet foncé, le dessous est de même couleur mais plus
pâle. Cette Pastenague se nomme *Poisson évêque*, sur les côtes d'Italie.

GENRE PTÉROPLATÉE.

Pteroplatea, MULLER et HENLE

Disque deux fois plus large que long. Museau court et
obtus. Pectorales très-développées. Région caudale courte, nue

ou pourvue de plis cutanés et portant un aiguillon denticulé. Mâchoires armées de dents petites à une ou trois pointes. Nageoire dorsale rudimentaire ou absente.

Pl. 97. — PTÉROPLATÉE A GRANDES NAGEOIRES.

Raja altavela........ Lin., *Gm.*, t. I, p. 1509.
Trygon altavela..... Bonap., *Faun. Ital.* — Id., *Cat. Poiss. Eur.*, p. 12
Pteroplatea altavela. Muller et Henle, p. 168. — Dum., *Elasm.*, p. 611. — Gunth.,
Cat. fish., t. VIII, p. 486.

Altavela, Tavela, Italie.

Ce poissson est remarquable par le grand développement de ses nageoires pectorales dont les côtés antérieurs sont légèrement convexes, les bords postérieurs presque rectilignes. Lorsque le poisson se meut au sein des eaux, ces deux nageoires ont tout à fait l'aspect de deux voiles agitées par le vent, ce qui a fait donner au poisson le nom vulgaire de *Raie à grandes voiles*.

Son museau sort un peu du disque et son extrémité est obtuse. Les yeux sont assez grands, et les évents placés en arrière d'eux sont largement ouverts et pourvus d'un tentacule.

Les mâchoires sont armées de dents petites et pointues, mais ces organes ne s'étendent pas jusqu'à l'angle de la bouche.

La région caudale est longue, bordée supérieurement et inférieurement d'un pli cutané ; elle porte aussi, en dessus, un aiguillon denticulé sur ses bords.

Les nageoires pelviennes sont peu développées et arrondies ; il n'y a pas de nageoire dorsale.

Ce poisson a le dessus du corps d'un brun roussâtre uniforme, le dessous est blanc et bordé de roux.

FAMILLE DES MYLIOBATIDÉS.

MYLIOBATIDÆ.

Les poissons de cette famille se distinguent des Raies proprement dites par la disposition de leurs nageoires pectorales qui sont très-développées et dont les premiers rayons ne bordent pas complétement les parties latérales de la tête. Leurs nageoires pelviennes sont arrondies et relativement petites. Leur tête ainsi que le tronc sont plus bombés que chez les Raies, et leur museau est quelquefois très-saillant. Leur région caudale est très-longue et armée généralement d'un aiguillon dentelé; il y a quelquefois deux de ces organes.

Le système dentaire des Myliobatidés présente aussi une disposition particulière : les dents, plates et allongées, forment une large plaque à chaque mâchoire.

GENRE MYLIOBATE.

Myliobatis, Cuvier.

Corps plus large que long; région dorsale proéminente.

Tête dépassant le disque; museau plus ou moins saillant.

Bouche transversale, presque droite et armée de dents dont les médianes sont hexagonales, allongées, et s'engrènent avec les dents latérales qui sont plus petites et de forme losangique. Nageoires pectorales très-développées; pelviennes petites, unilobulées et arrondies. Dorsale peu développée et placée en arrière des pelviennes.

Région caudale très-longue et munie d'un aiguillon.

Pl. 98. — AIGLE DE MER.

Aquila marina .... Bellon, *De Aquat.*, p. 96.
Raja aquila .... Lin., *Syst. Nat.*, t. I, p. 396. — Brun., *Pisc. Mass.*, p. 3. —
　　　　Bloch, pl. 81. — Risso, *Ichth. Nice*, p. 9. — De Blainv., *Faun.*
　　　　Franç., p. 38.
Myliobatis aquila .. Cuv., *Règn. anim.*, t. II, p. 401. — Risso, *Europ. mérid.*, t. III,
　　　　p. 162. — Yarr., *Brit. fish.*, 3ᵉ édit., p. 595. — Müll. et Henle,
　　　　p. 176. — Dum., *Elasm.*, p. 634.— Gunth., *Cat. fish.*, p. 489.

Sea-Eagle, Eagle-ray, Angleterre. — *Meeradler,* Allemagne. —
Pesce aquila, Italie.

Cette Raie, qui est connue sur nos côtes sous les noms de *Poisson aigle, Faucon de mer, Rate-Penade, Glorieuse, Crapaud de mer, Mourine, Lancette,* etc., etc., se nomme aussi *Pesce rato, Tare frank, Mourina, Aigla dé mar, Ferraza,* dans nos départements méridionaux.

Assez commune sur nos côtes méditerranéennes, elle habite aussi l'océan Atlantique, depuis les côtes d'Europe jusqu'au cap de Bonne-Espérance. On la prend également dans les mers d'Australie.

Ce poisson est de forme triangulaire; son disque, dont les nageoires pectorales sont très-développées, est plus large que long et complétement lisse. Sa tête est arrondie et dépasse le bord antérieur des pectorales. Son museau est saillant; sa bouche, transversale et peu arquée, est armée sur le milieu des mâchoires de dents hexagonales, allongées, aplaties, s'engrenant avec les dents latérales qui sont plus courtes, rectangulaires et disposées sur trois rangs de chaque côté.

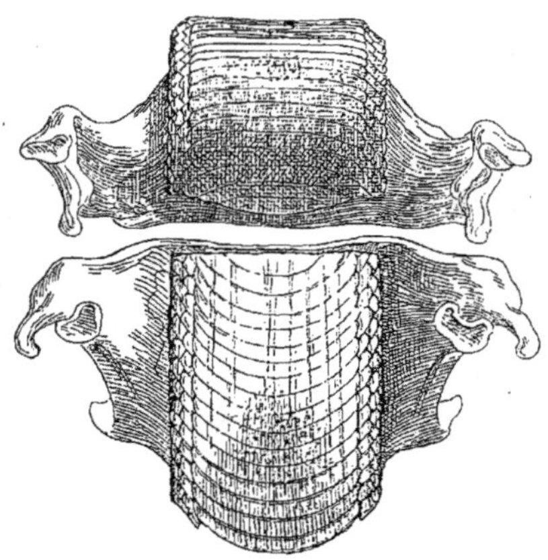

Fig. 46. — DENTITION DE L'AIGLE DE MER
(*Myliobatis aquila*).

La plaque formée par les dents supérieures est convexe d'avant en arrière; l'inférieure est plane ou légèrement concave.

Les yeux sont grands, saillants et reportés sur les côtés.

Les narines sont situées en dessous; les évents sont larges et obliques.

Le dos est saillant et arrondi.

Les nageoires pectorales sont larges et leur angle externe est assez aigu; les nageoires pelviennes sont unilobulées, petites et arrondies; la dorsale, peu développée, est placée en arrière de l'extrémité des nageoires pelviennes. Assez loin de l'origine de la région caudale, on aperçoit un piquant fort et aigu, dont les bords latéraux sont dentelés. La queue, qui est effilée, égale environ deux fois la longueur du corps.

Ce poisson atteint de fortes proportions; ceux que l'on prend le plus ordinairement pèsent dix ou quinze livres ; il y en a de beaucoup plus grands. Sa chair est de mauvaise qualité.

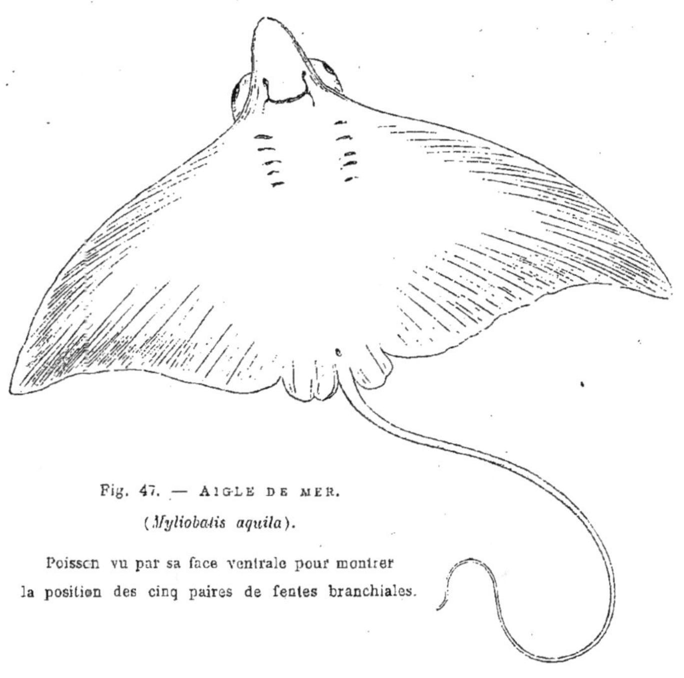

Fig. 47. — AIGLE DE MER.

(*Myliobatis aquila*).

Poisson vu par sa face ventrale pour montrer
la position des cinq paires de fentes branchiales.

La Raie Aigle a le dessus du corps d'un brun verdâtre à reflets bronzés, les bords du disque sont plus clairs. Le dessous du poisson est d'un blanc jaunâtre.

FAMILLE DES CÉPHALOPTÉRIDÉS.

CEPHALOPTERIDÆ.

Ces poissons sont remarquables par le grand développement de leurs nageoires pectorales, dont l'angle externe est aigu et dont le bord antérieur convexe se relève de chaque côté de la tête en une sorte de corne dirigée en avant et surmontant les yeux; leur bord postérieur est concave. La nageoire dorsale est placée au-dessus des pelviennes.

Leurs mâchoires sont armées de dents petites, la mâchoire supérieure en est cependant quelquefois dépourvue.

Leur région caudale est longue et grêle; elle présente sur ses faces latérales de petits tubercules, et son bord supérieur est souvent armé d'un aiguillon dentelé.

GENRE CÉPHALOPTÈRE.

Cephaloptera, Duméril.

Disque plus large que long. Région caudale flagelliforme et munie généralement d'un piquant.

Tête faisant saillie hors du disque et se terminant par un museau tronqué.

Nageoires pectorales bien développées, se relevant sur les parties latérales du disque et formant deux sortes de cornes au-dessus des yeux ; pelviennes peu développées ; dorsale placée au-dessus d'elles.

Bouche presque rectiligne et armée de dents petites, aplaties ou tuberculeuses.

Pl. 99. — CÉPHALOPTÈRE DE GIORNA.

Raja giorna......... Lacép., t. V, p. 666.
Cephaloptera giorna. Cuv., *Règ. anim.*, p. 401. — Risso, *Ichth. Nice*, p. 14. — Id.,
     Europ. mérid., t. III, p. 163, pl. 5. — Müll. et Henle, p. 184.
     Dum., *Elasm.*, p. 653.
Dicerobatis giornæ... Gunth., t. VIII, p. 496.

Ox-ray, Angleterre.

Ce Céphaloptère, qui atteint quelquefois une taille gigantesque, se prend dans la Méditerranée et dans l'océan Atlantique. C'est un poisson fort curieux. Sa tête, qui se dégage en avant des pectorales, est tronquée et porte de chaque côté, au-dessus des yeux, deux prolongements en forme de cornes, assez longs et étroits. Ce sont les bords antérieurs des nageoires pectorales qui se relèvent ainsi et simulent des cornes ou des oreilles.

La bouche est transversale, grande et reportée en dessous. Les dents sont petites, tuberculeuses et pointues.

Les narines sont très-séparées l'une de l'autre. Les yeux sont situés sur les côtés de la tête, au-dessous et en avant du prolongement des nageoires pectorales, qui sont très-larges et dont l'angle externe est aigu, le bord antérieur convexe et le bord postérieur concave.

La région caudale qui est très-grêle, est représentée trop courte sur la planche que nous donnons de ce poisson ; elle est granuleuse sur les côtés et ordinairement deux fois plus longue que le corps. Elle porte une épine denticulée.

Les nageoires ventrales sont petites et arrondies ; la dorsale est peu développée et placée au-dessus des ventrales.

Ce poisson a le dessus du corps d'un brun obscur ; les bords du disque sont quelquefois plus clairs. Le ventre est blanc.

Ce Céphaloptère porte à Nice le nom de *Vachetto*.

ORDRE

DES

CYCLOSTOMES

FAMILLE DES MYXINIDÉS.

MYXINIDÆ.

Les poissons de cette famille, que certains auteurs plaçaient parmi les Plagiostomes, sont tellement inférieurs à ces derniers par leur organisation, que c'est auprès des Lamproies que se trouve leur véritable place.

Leur corps est cylindrique et vermiforme.

Leur squelette est cartilagineux ou simplement fibreux, et leur corde dorsale est persistante.

Ils sont ovipares.

GENRE MYXINE.

Myxine, LINNÉ.

Corps allongé, vermiforme et lisse.

Tête obtuse et portant en avant quatre paires de tentacules. Bouche en forme de ventouse et munie de dents cornées.

Cavités branchiales s'ouvrant au dehors par deux ouvertures placées de chaque côté de l'abdomen. Un seul évent.

Pas de nageoires pectorales ni de ventrales.

Dorsale, caudale et anale, rudimentaires.

Pl. 100. — MYXINE GLUTINEUSE.

Myxine glutinosa. Lin., *Syst. nat.*, t. I, p. 1080. — Nilss., *Skand. Faun.*, p. 750. — Yarr., *Brith. fish.*, 3ᵉ édit., t. I, p. 12. — Cuv., *Règ. anim.*, t. II, p. 406. — Gunth., *Cat. fish.*, t. VIII, p. 510.

Glutinous hay, Angleterre.

La Myxine est un poisson remarquable par sa forme et sa structure. Son corps est cylindrique, vermiforme et recouvert d'une peau nue, lisse et visqueuse.

La tête est arrondie et porte à son extrémité une espèce de tube ou évent qui communique avec la cavité buccale. Les yeux manquent chez ce poisson, et ses branchies, supportées par des arcs cartilagineux, sont au nombre de six de chaque côté et en forme de sac ; elles communiquent avec l'extérieur par une ouverture placée sur les côtés de l'abdomen.

La bouche est circulaire et en forme de ventouse.

La langue porte de petites dents cornées et pointues; un de ces organes est plus volumineux que les autres et occupe le milieu du palais.

L'extrémité antérieure de la tête de l'animal est pourvue de quatre paires de barbillons. On remarque en outre de chaque côté de l'abdomen une série de pores muqueux.

La Myxine est dépourvue de nageoires pectorales et ventrales. Ses nageoires dorsale, caudale et anale, sont rudimentaires.

Le corps de la Myxine est d'un brun foncé sur le dos; les flancs sont brun jaunâtre, le ventre est blanc. On trouve assez fréquemment de ces poissons sur les côtes d'Angleterre et sur celles du nord de la Scandinavie; ils se fixent après les animaux marins au moyen de leur ventouse buccale.

On ne connaît encore que des femelles de cette espèce, le mâle a probablement une autre forme.

Les œufs de ces poissons sont aussi très-singuliers; ils sont pourvus d'une enveloppe cornée qui s'ouvre comme les graines connues en botanique sous le nom de Pyxides. Au moment de l'éclosion, une portion de leur sphère s'ouvre et se soulève comme le couvercle d'une petite boîte.

ORDRE

DES

BRANCHIOSTOMES

FAMILLE DES BRANCHIOSTOMIDÉS.

BRANCHIOSTOMIDÆ.

Cette famille ne comprend encore que deux genres. Le premier, le genre branchiostome, habite les côtes de l'Europe; on le retrouve sur celles d'Amérique, au Brésil et au Pérou, et enfin dans la mer des Indes, sur la côte de Bornéo. Le second est le genre Epigonichthys décrit récemment par M. W. Peters; l'espèce qui le constitue habite les mers australiennes.

Ce sont les derniers animaux de la classe des poissons. Leur squelette est réduit à une corde dorsale; leur système nerveux est rudimentaire; leur appareil circulatoire, dépourvu d'un cœur proprement dit, porte sur le trajet de ses vaisseaux des points pulsatiles. Leur appareil respiratoire communique par de nombreuses petites fentes avec la cavité viscérale, et l'eau qui a servi à la respiration est rejetée au dehors par un petit pore abdominal.

Le tube digestif est aussi très-simplifié, et l'anus est situé à la partie postérieure du corps.

Ces poissons se trouvent dans le voisinage des côtes ou dans les étangs salés; on les pêche en draguant dans le sable ou dans la vase.

GENRE BRANCHIOSTOME.

Branchiostoma, COSTA.

Corps allongé, très-comprimé. Peau lisse et transparente.

Pas de nageoires paires; nageoires dorsale, caudale et anale, rudimentaires et continues.

Bouche reportée en dessous et entourée de filaments tentaculaires.

Un pore abdominal pour la sortie de l'eau ayant servi à la respiration.

Ouverture anale reportée dans la région postérieure du corps.

Bouche et tube digestif pourvus de cils vibratiles.

BRANCHIOSTOME.

Limax lanceolatus .... Pall., *Spicil. zool.,* t. X, p. 19, pl. 1, fig. 11.
Branchiostoma lubricum. ... Costa, *Faun. Nap.* — Müll., *Acad. Berl.* 1842, p. 79, pl. 1 à 5.
Amphioxus lanceolatus ..... Yarr., *Brit. fish.,* 3ᵉ édit., t. I, p. 1. — Goodsir., *Trans. Roy. Soc. Edimb.,* t. XV, p. 1. — Kölliker, in Müll., *Arch.* 1843, p. 33. — Stieda, *Mém. Acad. St-Pétersb.,* VIIᵉ sér., t. XIX, n° 7, 4 pl. — Capello, *Jorn. Sc. math. phys. et nat. ac. sc. Lisb.,* 1876, p. 167.
Branchiostoma lanceolatum. Nilss., *Skand. Faun.,* p. 753. — Quatrefages, *Compt. rend.,* 1845, t. XXI, p. 519. — Bonap., *Cat. poiss. Eur.,* p. 92. — Van. Bened. et Gervais, *Zool. méd.,* t. I, p. 287. — Kowalewsky, *Mém. Ac. sc. St-Pétersb.* 1867, t. XI, n° 4. — Gunth., *Cat. fish.,* t. VIII, p. 514.

Lancelet, Angleterre.

Le Branchiostome, qui est le moins parfait de tous les animaux vertébrés, a été signalé pour la première fois par Pallas, mais ce naturaliste célèbre ne lui avait pas assigné sa véritable place dans l'échelle zoologique. Ce poisson, qui lui avait été envoyé des côtes de Cornouailles, fut considéré par lui comme une limace, et il l'appela *Limax lanceolatus.*

En 1833 Costa rencontra le même animal dans les sables de Pausilippe; il reconnut que c'était un poisson et le nomma *Branchiostoma lubricum*. Yarrell le décrit quelques années après sous le nom de *Amphioxus lanceolatus,* et, depuis, plusieurs auteurs, parmi lesquels nous citerons Goodsir et Rathke, de Quatrefages, J. Müller, Leuckart, Paul Gervais, Kowalewski et Stieda, en ont signalé la présence sur différents points du littoral de l'Europe, et ont donné des détails sur sa structure anatomique.

L'Amphioxus habite presque toutes les côtes de l'Europe. On l'a signalé sur celles de Suède, de Norwége, d'Angleterre, d'Irlande, d'Écosse. M. Capello l'a obtenu en draguant sur les côtes de Portugal. Dans la Méditerranée, il a été pris aux environs de Nice, dans l'étang de Thau, près Cette (P. Gervais), dans le golfe de Naples (Costa), dans le détroit de Messine (Quatrefages), et à Alger (Wide). Il fréquente les fonds sablonneux ou les étangs du littoral qui communiquent avec la mer ; il se nourrit d'infusoires et de détritus organiques. La figure que nous en donnons est empruntée à l'ouvrage de M. Ern. Hæckel, intitulé : *Histoire de la création des êtres organisés, d'après les lois naturelles.*

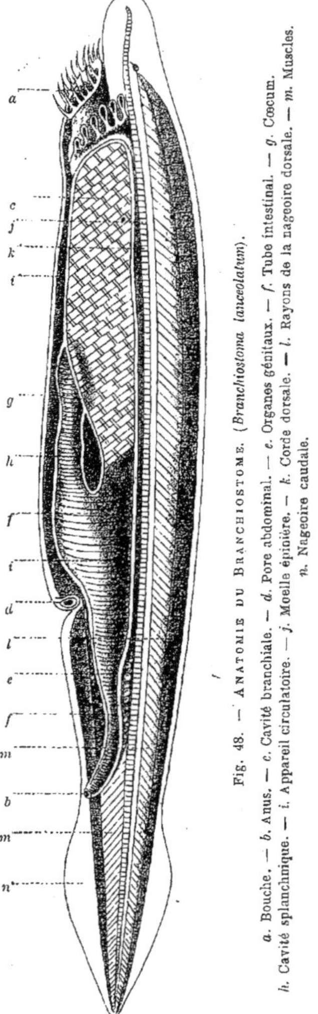

Fig. 48. — ANATOMIE DU BRANCHIOSTOME. (*Branchiostoma lanceolatum*).

a. Bouche. — b. Anus. — c. Cavité branchiale. — d. Pore abdominal. — e. Organes génitaux. — f. Tube intestinal. — g. Cœcum. h. Cavité splanchnique. — i. Appareil circulatoire. — j. Moelle épinière. — k. Corde dorsale. — l. Rayons de la nageoire dorsale. — m. Muscles. n. Nageoire caudale.

Le corps de ce poisson est allongé et très-comprimé; il mesure au plus deux pouces en longueur, et sa transparence est extrême. Il est entouré d'un repli membraneux qui se termine en arrière par une pointe aiguë, ce qui a fait donner à ce poisson le nom de *Poisson Lancette*. Sa peau est lisse. Sa tête se termine en pointe mousse, et les yeux sont représentés par deux taches pigmentaires ; il n'y a point de narines. La bouche est située au-dessous de la partie antérieure du corps, elle est ovalaire, étroite et garnie d'une couronne de tentacules mobiles. L'intérieur de la cavité buccale est garni de cils vibratiles qui mettent en mouvement l'eau chargée des particules organiques qui servent de nourriture au poisson ; cette eau, après avoir baigné l'appareil branchial, sort en arrière par le pore abdominal.

Les aliments pénètrent dans un tube digestif pourvu sur tout son trajet de cils vibratiles, et les résidus de la digestion sont rejetés au dehors par l'ouverture anale placée dans la région postérieure du corps.

Le système circulatoire de ce poisson est aussi très-singulier. Il n'a pas de cœur proprement dit, ce qui l'a fait ranger parmi les *Leptocardes*, mais ses vaisseaux sanguins sont pourvus de points pulsatiles.

Son système nerveux est rudimentaire, et la portion antérieure de sa moelle épinière fournit cinq paires de nerfs se rendant à la tête.

Son squelette est réduit à une corde dorsale et à quelques rayons cartilagineux.

On trouve aussi des branchiostomes, mais appartenant à des espèces différentes, dans la mer des Indes et dans les deux océans, sur les côtes du Brésil et au Pérou. Le second genre de cette famille est le genre Epigonichthys ; il appartient aux mers australiennes et ne comprend jusqu'ici qu'une seule espèce, l'*Epigonichthys cutellus*, qui se distingue des poissons du genre branchiostome par une nageoire dorsale munie de rayons élevés dans toute son étendue, par la position médiane de l'ouverture anale et enfin par l'absence complète d'une nageoire caudale. Cette espèce paraît cependant supérieure en organisation à celles qui rentrent dans le genre précédent.

TABLE ALPHABÉTIQUE

DES NOMS FRANÇAIS, VULGAIRES, ÉTRANGERS ET LATINS

DES VIGNETTES ET DES CHROMOTYPÓGRAPHIES

QUI SE TROUVENT DANS LA DEUXIÈME PARTIE DES POISSONS DE MER

Formant le Troisième Volume de l'ouvrage LES POISSONS.

Les Chiffres placés en tête des lignes indiquent les Numéros des Chromotypographies ;
les Gravures sur Bois sont indiquées par un *.

FIN DE LA TABLE ALPHABÉTIQUE DU TROISIÈME VOLUME
FORMANT LA DEUXIÈME PARTIE DES POISSONS DE MER.

ERRATA DU TROISIÈME VOLUME.

Page 162, ligne 1, au lieu de : ENRE CHIMÈRE, lisez : GENRE CHIMÈRE.

— 174 — 16, — *Pescei martello,* — *Pesce martello.*

— 194 — 28, — *Poqui dulce,* — *Boqui dulce.*

— 200 — 11, — *Large Spottod Dog-Fish,* lisez : *Large Spotted Dog-Fish.*

— 204 — 24, — *Centrina Salvani,* lisez : *Centrina Salviani.*

TABLE DES MATIÈRES

DES TROIS VOLUMES.

Les Noms des Ordres sont composés en petites capitales, ceux des Familles en italiques et ceux des Genres en Caractères ordinaires.

TOME I. — LES POISSONS D'EAU DOUCE.

TOME II. — LES POISSONS DE MER

PREMIÈRE PARTIE.

TOME III. — LES POISSONS DE MER

DEUXIÈME PARTIE.

FIN DE LA TABLE DES MATIÈRES DES TROIS VOLUMES.

TABLE ALPHABÉTIQUE

DES ORDRES, DES FAMILLES ET DES GENRES

CONTENUS DANS LES TROIS VOLUMES.

Les Noms des Ordres sont composés en petites capitales, ceux des Familles en italiques
et ceux des Genres en Caractères ordinaires.

FIN DE LA TABLE ALPHABÉTIQUE DES ORDRES, FAMILLES ET GENRES
CONTENUS DANS LES TROIS VOLUMES.

TABLE ALPHABÉTIQUE

FIN DE L'OUVRAGE.

PARIS. — Impr. J. CLAYE. — A. QUANTIN et Cie, rue Saint-Benoît. [1857]